MICROBES ET MALADIES

GUIDE PRATIQUE

POUR L'ÉTUDE DES MICRO-ORGANISMES

ANGERS, IMP. BURDIN ET Cie, RUE GARNIER, 4.

BIBLIOTHÈQUE DES ACTUALITÉS INDUSTRIELLES
— N° 7 —

MICROBES & MALADIES

GUIDE PRATIQUE

POUR L'ÉTUDE DES MICRO-ORGANISMES

PAR LE Dr E. KLEIN, F. R. S.

Professeur-adjoint d'Anatomie et de Physiologie à l'École médicale de St-Bartholomew's

Hospital, à Londres

TRADUIT DE L'ANGLAIS D'APRÈS LA SECONDE ÉDITION

PAR FABRE-DOMERGUE

Licencié ès-sciences naturelles

AVEC 116 FIGURES DANS LE TEXTE

PARIS

BERNARD TIGNOL, ÉDITEUR

45, QUAI DES GRANDS-AUGUSTINS

1885

INTRODUCTION

On considère comme très étroite la relation qui
existe entre les microbes et les maladies infectieuses,
et bien que cette relation ne soit peut-être pas tout à
fait aussi intime que quelques-uns sont portés à l'af-
firmer, il est néanmoins définitivement établi qu'elle
existe en ce qui concerne quelques-unes des maladies
infectieuses des hommes et des animaux. Pour passer
en revue tous les faits affirmés et toutes les observations recueillies dans ce champ vaste et toujours crois-
sant de la pathologie, pour apprécier les nombreuses
observations concernant les relations des microbes avec
la maladie et leur assigner leur véritable valeur, le lecteur et plus encore le travailleur doivent être capables
de critiquer les observations et les faits avancés par
de nombreux auteurs, car ils considéraient probablement comme prouvées des choses qui ne sont réellement pas encore bien démontrées. Et ce qu'il y a
de plus important c'est justement de pouvoir reconnaître d'un coup d'œil que, soit à cause d'une méthode
d'investigation imparfaite ou mauvaise, soit à cause de
certaines conclusions incompatibles avec les lois géné-
rales et l'ensemble des faits bien fondés et expérimentalement démontrés, les détails rapportés dans une

observation ou dans une série d'observations particulières ne doivent point être acceptés.

Dans toutes les recherches concernant les rapports des microbes et de la maladie, il est nécessaire de se persuader, comme l'a fait remarquer Koch [1], qu'on ne peut considérer une observation comme complète, ou, pour mieux dire, on ne peut dans aucun cas considérer comme *bien démontré* qu'une maladie infectieuse particulière est due à un microbe spécifique si l'on n'a rempli toutes les conditions suivantes : 1° Il faut absolument que le microbe en question ait été trouvé soit dans le sang, soit dans les tissus de l'homme ou de l'animal malade ou mort de la maladie. A ce point de vue il existe de grandes différences, car, dans quelques maladies infectieuses, les microbes, bien que présents dans les tissus malades, n'existent point dans le sang ; tandis que dans d'autres cas ils se rencontrent en grand nombre dans le sang seulement ou dans les lymphatiques. Ces points seront considérés plus loin en parlant des cas spéciaux. 2° Il faut prendre ces microbes dans leur milieu, dans le sang ou dans les tissus selon les cas, les cultiver artificiellement dans des milieux appropriés, c'est-à-dire hors du corps de l'animal mais par des méthodes qui empêchent l'introduction accidentelle d'autres microbes dans ces milieux. Transporter ces microbes de cultures en cultures pendant quelques générations successives de façon à les obtenir purs de toute espèce de matières provenant du corps de l'animal duquel ils dérivent en premier lieu. 3° Après avoir ainsi cultivé ces microbes pendant quelques générations successives, il est nécessaire de les réintroduire dans le corps d'un

[1] *Die Milzbrand-impfung*, Cassel et Berlin, 1883.

animal sain, sujet à la maladie et par ce moyen de démontrer que cet animal contracte la même maladie que celui dont les microbes ont primitivement dérivé. 4° Il est nécessaire enfin que dans un animal ainsi infecté les mêmes microbes se retrouvent de nouveau. Un microbe spécifique peut, selon toute probabilité, être la cause d'une maladie particulière, mais on ne peut réellement et indubitablement le conclure avec certitude que lorsque tous ces désiderata ont été remplis.

J'ai l'intention de décrire, dans les pages qui vont suivre, d'abord les méthodes qui peuvent être employées avec succès dans les recherches concernant les rapports des microbes avec la maladie, ensuite de traiter, en me conformant à des observations dignes de foi, la morphologie des microbes qui présentent quelques relations avec la maladie ; et troisièmement d'énumérer les observations qui ont été faites dans ces dernières années pour prouver l'existence de cette relation. Le dernier but enfin et non le moindre est de considérer les relations précises des microbes spécifiques avec l'étiologie de la maladie.

MICROBES ET MALADIES

CHAPITRE PREMIER

Examen microscopique.

Il est essentiel, pour l'examen des microbes, d'user de forts grossissements, 300 ou 400 diamètres linéaires au moins. Le D ou le E de Zeiss ou le 1-12 ou le 1-16 de pouce de Powell et Lealande à immersion dans l'huile suffiront dans tous les cas. Pour les tissus colorés par les couleurs d'aniline, un bon condensateur tel que celui d'Abbe ou de Powell et Lealande est inappréciable. J'emploie un microscope de Zeiss avec condensateur Abbe à large diaphragme et miroir plan. Comme le fait remarquer Koch [1] et comme on le reconnait maintenant partout, des préparations colorées, montées dans le baume de Canada ou le Dammar et examinées avec le condensateur Abbe, montrent les microbes avec une clarté et une netteté extrèmes.

L'examen des caractères morphologiques d'un orga-

1. *Die Aetiologie d. Wundinfectionskrankheiten.* p. 34, Leipzig, 1879. Traduit sous le titre de *Traumatic Infective Diseases* (New Syd. Soc.), London, 1880.

nisme s'effectue sur des préparations fraîches et non
colorées aussi bien que sur des préparations colorées.
Bien que la dernière méthode soit, pour des raisons
que nous mentionne..s plus loin, de beaucoup la
plus parfaite et la plus sûre, il est néanmoins important d'examiner autant que possible les apparences,
les réactions chimiques et la morphologie générale de
sujets parfaitement frais. Le sang, les sucs, les tissus
et les liquides dans lesquels se sont développés les
microbes sont soumis directement, sans préparation
préalable, à l'examen microscopique. Avec les milieux
nutritifs artificiels dans lesquels les microbes ont été
cultivés, l'examen des préparations fraîches est d'une
grande importance par ce fait que les organismes
peuvent être aisément déterminés et que leurs dimensions et leurs caractères morphologiques généraux
sont plus correctement établis que d'après des préparations desséchées, durcies et colorées. De plus les
réactions chimiques ne peuvent être bien étudiées que
sur des préparations fraîches. Il n'y a pour cela qu'à
puiser avec une pipette capillaire ou à enlever avec la
pointe d'une aiguille une goutte ou une parcelle de
matière, à la placer sur un porte-objet et à la couvrir
d'un verre mince. Lorsque l'on a affaire à des liquides
tels que liqueurs nutritives artificielles, sang, sérum,
suc de tissus, sécrétions, transsudations et exsudations,
il n'y a rien à y ajouter. Quand il s'agit de substances
plus solides telles que matières nutritives artificielles
solides, fragments de tissus, etc., l'addition d'une
goutte de solution saline (de 0,6 à 0.75 0/0), neutre et
préalablement bien bouillie, peut être avantageuse bien
qu'elle ne soit pas absolument nécessaire, puisque en
pressant sur la lamelle l'on peut obtenir une couche
de matière assez mince pour être examinée. Dans

quelques cas l'on peut diviser un fragment de tissu
en fines particules au moyen de deux aiguilles
propres. Lorsque l'on a affaire à des organismes suffi-
samment visibles par leur forme, leur dimension et
leur aspect général, leur détermination à l'état frais
n'est pas difficile ; tel est le cas pour les bacilles, les
actinomyces et les mycelium ; mais lorsqu'il s'agit de
micrococcus, surtout lorsqu'ils sont isolés ou par
couples et plongés dans le sang, les sucs ou les tissus,
il est parfois extrêmement difficile de les reconnaître.
Quand ils sont en larges amas tels que les masses plus
ou moins grandes de zooglea ou en forme de chaînes,
leur détermination n'est pas difficile; mais à l'état isolé
ils ne sont pas facilement reconnaissables, ce qui est
dû en général à la présence de granules ou de particules d'espèces diverses desquels il est presqu'impossible de les distinguer morphologiquement. En pareil
cas il y a certains tours de main, si je puis m'expri-
mer ainsi, qui facilitent leur diagnose sans toutefois
la rendre absolument sûre. Ce sont les réactions
micro-chimiques. L'addition de liqueur potassique
laisse presqu'intactes les microbes, tandis qu'elle altère
ou fait entièrement disparaître les granules graisseux
et la plupart des albuminoïdes. L'acide acétique à 5
ou 10 0/0 n'affecte point les microbes, mais altère les
granules albuminoïdes et autres. Ces deux réactifs
sont aussi bons, je pense, que tous les autres. Dans les
cas où ils ne réussissent pas, les autres réactifs con-
nus, l'alcool, le chloroforme, l'éther sulfurique, etc., ne
sont pas d'un plus grand secours, mais peuvent être
employés dans certains cas pour distinguer des granules graisseux d'avec des micrococcus ou des cristaux
d'avec des bacilles.

Les microbes ont une grande affinité pour certaines

couleurs, spécialement pour les couleurs d'aniline, et celles-ci sont pour cette raison employées avec beaucoup de succès pour démontrer leur présence et pour différencier dans beaucoup de cas des détails morphologiques qui ne sont point visibles sur des préparations non colorées. La coloration se fait sur des organismes frais non altérés ou bien préalablement desséchés. Dans le premier cas on procède comme il suit : l'on fait une préparation microscopique et l'on y ajoute ensuite goutte à goutte le colorant que l'on fait passer à travers la préparation de la manière ordinaire, c'est-à-dire en plaçant avec une pipette capillaire le colorant sur un bord du couvre-objet et en l'aspirant avec un morceau de papier filtre placé de l'autre côté. La coloration effectuée, on enlève l'excès du colorant avec de la solution saline, de l'eau ou de l'alcool ou avec les deux selon le cas (voir plus loin). Cette méthode donne de bons résultats excepté quand les organismes sont englobés dans des masses solides cohérentes. Dans ce dernier cas, qu'ils soient contenus dans un fragment microscopique de tissu ou dans un point particulier d'une coupe mince d'un tissu frais, il est nécessaire, après avoir placé le fragment ou la section sur un porte-objet, d'y déposer une goutte de colorant avant de couvrir avec la lamelle. Après quelques minutes, on fait écouler le colorant en inclinant le porte-objet et l'on procède au lavage jusqu'à ce que l'excès de couleur soit enlevé. Le montage s'obtient en plaçant une goutte d'eau ou de solution saline sur la préparation et en la couvrant avec une lamelle. Dans le cas de sections à travers des tissus frais et durcis contenant des microbes, la méthode pour les colorer et les monter définitivement est, en général, plus compliquée et va être exposée tout à l'heure.

Lorsque l'on a affaire à des masses cohérentes de microbes existant soit dans leur milieu naturel (c'est-à-dire dans le tissu animal), soit dans les cultures artificielles, comme les zooglea, les pellicules de micrococcus ou de bacterium, on peut les transporter en masse dans un verre de montre, les colorer, les laver et les monter sans trop de difficulté pour l'usage temporaire ou permanent. Les préparations permanentes se font de la façon suivante : Placez les sections ou la pellicule dans un verre de montre contenant la couleur, laissez-les y jusqu'à forte coloration, prenez-les avec une aiguille ou quelque chose d'analogue, lavez dans l'eau, ensuite dans l'alcool ; laissez-les y cinq minutes ou plus jusqu'à ce que le plus grand excès de matière colorante soit enlevé, placez-les ensuite sur un porte-objet, étendez-les convenablement et posez dessus une goutte d'huile de girofle ; après une minute ou deux enlevez l'huile, ajoutez une goutte de baume de Canada en solution dans le chloroforme ou le benzol, et couvrez avec une lamelle. Dans quelques cas particuliers, pour les bacilles de la lèpre ou de la tuberculose par exemple, il faut une double coloration. Pour d'autres organismes tels que les bacilles de la morve ou de la tuberculose, le lavage se fait non avec de l'eau mais avec un acide (acide acétique ou nitrique selon l'un ou l'autre cas). Ces détails trouveront leur place lorsque nous parlerons des organismes en particulier.

La méthode employée partout et avec succès pour la démonstration et la conservation des préparations microscopiques de microbes dans les liquides comme le sang, le pus et les sucs, est celle de Weigert et de Koch. Elle consiste à étendre sur un porte-objet ou un couvre-objet une très mince couche — plus elle est mince et mieux cela vaut — du fluide (milieu de culture artificiel ou naturel) sang, pus ou suc, à la dessécher rapidement en la chauffant pendant dix ou vingt secondes sur la flamme d'une lampe à alcool ou d'un bec de gaz. Les plus heureuses préparations s'obtiennent lorsque le chauffage est effectué pendant un temps tel que la couche, devenue d'abord opaque, recouvre rapidement sa transparence. Quelques gouttes de la couleur d'aniline que l'on veut employer sont ensuite déposées sur la préparation et enlevées après y avoir séjourné de cinq à trente minutes ou plus. Les couleurs d'aniline employées sont celles qui sont connues comme ayant une grande affinité pour les noyaux cellulaires (Hermann). Elles sont aussi connues comme étant celles qui sont neutres ou basiques et non acides. Les plus employées sont celles qui sont solubles dans l'eau ; elles sont préférables à celles qui sont solubles dans l'alcool ; mais dans certains cas spéciaux qui seront mentionnés ci-après, quelques-unes de celles-ci sont d'un usage particulier. Le bleu de méthyle, le violet de méthyle, la vésuvine, le brun Bismarck, le magenta, la fuchsine, la rosaniline, le violet gentiane, le pourpre de Spiller, l'éosine, le dahlia, la purpurine, le vert d'iode sont les couleurs d'aniline ordinairement employées. Le lavage se fait dans tous les cas, excepté quand il s'agit des bacilles de la tuberculose et de la morve, avec de l'eau distillée et ensuite avec de l'alcool. Ce dernier doit, en règle générale, enlever la couleur de toutes les parties de la préparation, excepté celle des microbes, et il est par conséquent nécessaire, non de pousser le lavage plus avant que ce point, mais de le pousser aussi loin que possible. Après cette opération, lavez à l'eau distillée, desséchez et montez dans une goutte de baume dissous. Dans le cours de toutes ces opérations, il est nécessaire de se rappeler sur quelle face du verre la préparation a été desséchée.

La double coloration s'obtient avec deux des couleurs ci-dessus mentionnées. L'on en choisit de préférence une brune et une bleue ou violette, ou encore une rouge et une bleue. Quelques-unes des couleurs violettes et pourpres offrent cette particularité que dans quelques cas, pas dans tous, elles donnent à la préparation une double teinte. Certains objets paraissent bleus et d'autres sont plutôt roses.

Le procédé de double coloration s'emploie soit avec les couleurs séparées, c'est-à-dire en appliquant d'abord une couleur, lavant après quelques minutes dans l'eau distillée et appliquant ensuite la seconde couleur, soit avec les deux couleurs mélangées et employées comme s'il n'y en avait qu'une.

Dans le cas des bacilles de la tuberculose, la coloration s'effectue d'abord avec une solution de magenta (d'Erlich, de Weigert ou de Gibbe, voir plus bas), on lave ensuite pendant quelques secondes avec une solution d'acide nitrique à 10 0,0 et ensuite pendant quelques minutes avec l'eau distillée. Après cela la préparation est colorée avec le bleu de méthyle suivant la méthode ordinaire. D'après la méthode de Koch, la préparation est d'abord colorée dans le bleu de méthyle alcalin (additionné de 10 0/0 de potasse caustique) pendant vingt-quatre heures ou pendant une demi-heure à une heure à la température de 40 degrés centigrades et ensuite colorée dans une solution concentrée de vésuvine. Lavez ensuite avec l'eau, puis avec l'alcool, séchez et montez dans la solution de baume.

Pour le microbe de la lèpre, la préparation est colorée au magenta, lavée dans l'eau distillée, ensuite colorée au bleu de méthyle, lavée et montée. Pour certains organismes, comme par exemple le micrococcus du crachat de la pneumonie catarrhale aiguë et celui du pus gonorrhéique, la coloration la meilleure s'obtient avec un mélange de bleu de méthyle et de vésuvine.

La double coloration de Weigert est excellente dans beaucoup de cas. Elle s'effectue ainsi :

Solution saturée aqueuse d'aniline, 100 cc.

Cette solution est ainsi composée : Huile d'aniline, 1 part; eau distillée, 3. Agitez chaque demi-heure pendant quatre heures et décantez l'eau tandis que l'huile demeure au fond du récipient.

Solution saturée alcoolique de fuschine, 11 cc.
Mélangez.

Les sections sont fortement colorées dans ce mélange et lavées dans l'eau distillée. Ensuite elles sont immergées pendant quelques secondes dans l'alcool et transportées pour une, deux ou trois heures dans la solution suivante. (Watson Cheyne, *Practitioner*. Avril 1883, p. 258.)

Eau distillée, 100 ccm.
Solution alcoolique saturée de bleu de méthyle, 20 ccm.
Acide formique, 10 gouttes.

Lavez après cela à l'alcool, passez à l'huile de girofle et montez dans la solution de baume.

Lorsqu'on examine des tissus frais ou durcis au point de vue des microbes, il est nécessaire d'en faire de fines sections, ce qui peut s'obtenir facilement avec l'aide d'un des microtomes en usage, parmi lesquels celui de William ou spécialement celui du Dr Roy, à congélation par vapeur d'éther, sont incontestablement les meilleurs et les plus faciles à manier. En ce qui concerne les matériaux durcis, il faut se souvenir que le durcissement peut s'obtenir fort bien en plaçant de petits fragments d'un ou deux centimètres cubes dans l'alcool ou mieux dans la liqueur de Müller et en les y laissant pour le premier de deux à cinq jours, et pour le second de une à trois semaines ou plus. On coupe ensuite de petits morceaux du tissu dont on désire faire des sections. Les tissus durcis dans l'alcool doivent être bien lavés dans l'eau pour les rendre aptes à se congeler, ensuite desséchés superficiellement avec du papier buvard et coupés avec le microtome de Roy; ceux qui sont durcis dans la liqueur de Müller sont seulement essuyés avec le papier buvard et coupés. Lorsque l'on fait des coupes avec le microtome à congélation de William il faut plonger d'abord le tissu dans la gomme, le congeler ensuite et le couper. Les tissus frais sont seulement coupés avec le microtome à congélation, les coupes sont placées dans une solution saline à 0,6 0/0, où elles s'immergent et s'étalent, et colorées ensuite dans cet état, c'est-à-dire bien étalées dans un verre de montre contenant la couleur. Les sections de tissus durcis sont plongées dans l'eau, bien étalées et transportées ensuite dans la ou les couleurs selon le cas.

Il est nécessaire de ne pas trop froisser les coupes, surtout celles des tissus frais. Pour cette raison il est bon de les immerger dans la solution saline ou l'eau selon le cas, au moyen d'une lame large ou d'une spatule, de bien les y étaler et de les transporter soigneusement dans le colorant, ensuite dans le vase contenant l'eau destinée à enlever l'excès de matière colorante puis dans l'alcool, après quelques minutes dans l'huile de girofle et enfin sur un porte-objet où

on les monte de la manière ordinaire dans la solution
de baume après avoir préalablement enlevé l'excès
d'huile de girofle.

Il est bon, mais non absolument essentiel, de placer
les sections bien étalées dans l'alcool pendant quelques
secondes avant de les porter dans le colorant.

CHAPITRE II

Préparation du matériel de culture.

Les cultures artificielles de microbes dans des milieux nutritifs convenables au moyen de l'étuve (fig. 1)

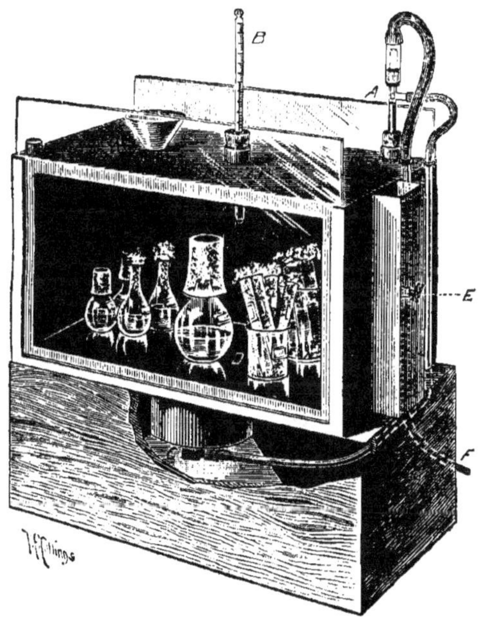

Fig. 1. Étuve avec régulateur de Page.

A. Régulateur de Page : consiste en un tube rempli de mercure et
plongeant dans l'eau qui remplit la chambre de l'étuve. Dans
la partie supérieure du tube, au-dessus de la colonne de mercure,
est un mince tube de verre ouvert aux deux extrémités et ayant

près de son extrémité inférieure une petite ouverture latérale. Quand la température de l'eau s'élève, la colonne mercurielle monte et à une certaine température dépasse l'extrémité inférieure du petit tube ci-dessus mentionné. Si ce point est atteint, le brûleur C reçoit seulement la quantité de gaz qui passe par la petite ouverture latérale du tube intérieur. Si la température de l'eau s'abaisse, la colonne mercurielle baisse, l'extrémité inférieure du tube intérieur redevient libre et le brûleur C reçoit alors une plus grande quantité de gaz. Si la température de l'eau remonte de nouveau, le mercure monte, obstrue l'extrémité inférieure du petit tube et la quantité de gaz est réduite à celle qui passe à travers l'ouverture latérale; par conséquent la température s'abaisse de nouveau et ainsi de suite. Pour ajuster le régulateur, il faut, quand le thermomètre indique le degré de chaleur voulu, faire descendre le grand tube et avec lui le petit tube du régulateur jusqu'à ce que la surface de la colonne mercurielle bouche juste l'extrémité libre du tube intérieur. La température se règle ainsi d'elle-même pour les raisons que nous venons d'énumérer. Ces régulateurs sont suffisants toutes les fois que l'on peut négliger les petites différences de température, puisque celles-ci ne dépassent guère un ou deux degrés centig. L'inconvénient, on le reconnaît en se servant de ces régulateurs et autres semblables, vient de l'inconstance de pression dans la source même du gaz qui comme on le sait, varie dans de grandes limites. Le robinet E prévient jusqu'à un certain point cet inconvénient; lorsqu'on le tourne à un angle de 45°, une quantité limitée de gaz seulement passe de la conduite principale dans le régulateur, et les variations de pression du gaz n'atteignent pas ainsi leur maximum d'intensité. Un régulateur de Sugg interposé entre E et le tuyau principal, est très utile.

B. Thermomètre pour indiquer la température de la chambre.

C. Fourneau à gaz.

D. Chambre de l'étuve.

E. Robinet pour régler, selon le besoin, l'écoulement du gaz.

F. Conduite principale. Les faces supérieures, inférieures droites et gauches de l'étuve sont formées d'une double feuille de fer blanc. Entre elles se trouve de l'eau; le devant et le derrière de la chambre sont fermés par deux lames de verre mobiles.

Une excellente étuve à température constante est construite par la *Cambridge Scientific Instrument Company*. Elle a un double bec de gaz; un petit à flamme permanente et un second soumis au régulateur.

à des températures variant entre 30° et 40° C. sont nécessaires pour étudier plus soigneusement la physiologie des organismes septiques aussi bien que pathogènes. De plus il s'en développe un grand nombre en peu de temps et leur relation avec la maladie peut être mieux étudiée. Car si l'on reconnaît qu'après avoir effectué hors du corps d'un animal des cultures successives d'un organisme déterminé, la réintroduction dans le corps d'un animal de cet organisme cultivé entraine de nouveau les mêmes troubles qu'auparavant, on doit inévitablement conclure que cet organisme est intimement lié à l'étiologie de la maladie. Il faut concéder qu'après quelques cultures successives dans des liquides, la substance hypothétique que l'on suppose être la *materies morbi* introduite d'abord par le sang ou les tissus étant très diluée dans la première culture, aura disparu en pratique après quelques cultures. Mais si la dernière culture agit pathogéniquement de la même façon, c'est-à-dire si une gouttelette inoculée dans le sang d'un animal sain, possède néanmoins encore le pouvoir pathogénique, il est alors logique de dire que cette propriété pathogénique est inhérente au microbe. Pour cette raison et d'autres encore, il est d'une importance capitale de pouvoir effectuer des cultures successives d'un seul et même organisme sans contamination accidentelle et sans mélanges, c'est-à-dire qu'il est nécessaire d'avoir des *cultures pures*.

MILIEUX DE CULTURE ARTIFICIELS

A. — Liquides

L'on se sert de préférence, comme milieux nutritifs artificiels, des liquides suivants :

1. *Bouillon de viande de porc, de bœuf, de lapin, de poule.* — On débarrasse d'abord la viande de la graisse et du tissu connectif. Lorsqu'on se sert de lapin ou de poulet, on emploie tout l'animal moins la tête et les entrailles ; on met la viande dans l'eau et l'on fait bouillir. Généralement, pour chaque livre de viande, il faut une bonne demi-heure d'ébullition. En ce qui concerne la quantité d'eau, chaque livre de viande doit

donner après toutes les manipulations au moins un
demi-litre de bouillon. Après l'ébullition, le bouillon
est abandonné au repos, dégraissé, et soigneusement
neutralisé par l'addition de liqueur de potasse ou mieux
encore de carbonate de soude.

Plus la viande est fraiche, moins on trouve d'acide
(acide sarcolactique) dans le bouillon avant la neutra-

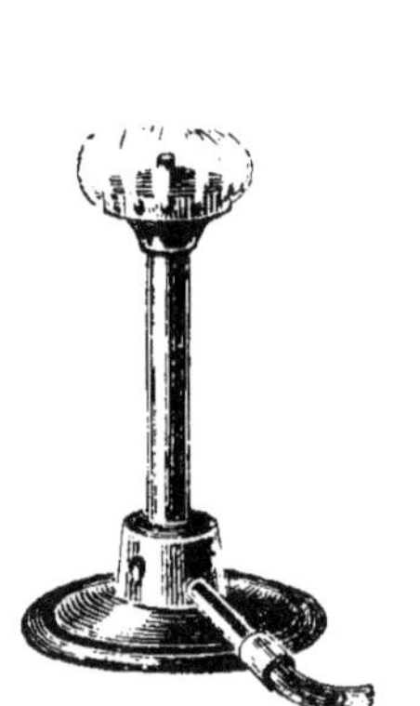

Fig. 2. Bec Bunsen avec champignon pour faire bouillir les
liquides dans les tubes à essai.

Fig. 3. Ballon contenant du liquide stérilisé.

lisation. Le bouillon est ensuite filtré sur un filtre préalablement flambé (voir plus bas) et dans un ballon
préalablement stérilisé (voir plus bas). Si le bouillon
n'est pas clair après un premier filtrage, on le filtre de
nouveau. S'il n'est pas encore clair, on l'abandonne au
repos pendant quelques heures. Un fin dépôt se forme
au fond du vase et l'on décante la partie claire dans un
vase stérilisé. Le bouillon qui n'est pas clair après une
première filtration peut être clarifié par l'ébullition
avec un blanc d'œuf. On filtre de nouveau le liquide

éclairci. Les ballons qui reçoivent le bouillon sont soigneusement bouchés avec du coton en rame stérilisé (voir plus bas). Dans cet état le ballon est placé sur un bec Bunsen (fig. 2) et soumis à l'ébullition à feu nu pendant une demi-heure ou plus. Pendant cette ébullition, le tampon de coton est tiré au dehors dans la moitié de sa longueur. Le ballon ne doit pas contenir plus de la moitié ou des deux tiers de son volume de bouillon, de peur qu'en montant trop celui-ci ne vienne mouiller le tampon. Lorsque l'on éteint la flamme, le tampon est poussé de façon à boucher le col et la bouche du ballon. L'on place ensuite sur le goulot (fig. 3) un verre rempli de coton stérilisé et le tout est laissé au repos pendant une nuit. Le jour suivant on réitère l'ébullition pendant une demi-heure de la même façon que précédemment. Si la viande a été employée fraiche et si les vases et le coton étaient bien stérilisés, deux ébullitions suffisent pour détruire toute impureté. Mais pour plus de sûreté, on place le bouillon dans l'étuve et on l'y abandonne pendant vingt-quatre heures à une température de 32°-38° C. : ensuite on le fait bouillir le jour suivant pendant une demi-heure de la manière ordinaire. L'on suppose que si, par hasard, après deux ébullitions, le bouillon contenait encore des spores vivantes de bacilles — les seuls organismes qui résistent à l'ébullition, bien qu'ils ne puissent y résister plus d'une demi-heure — ces spores donneraient naissance à des bacilles lorsqu'elles seraient placées pendant vingt-quatre heures dans l'étuve à 32°-38° et que ces bacilles seraient alors détruits par la troisième ébullition. En fait, je n'ai point généralement trouvé de germes contaminants qui survivent à la seconde ébullition. Il faut bien se mettre dans l'idée que, pendant la première ébullition et les suivantes, le tampon de coton ne doit pas être ôté du col du ballon, mais seulement tiré hors du goulot de la moitié de sa longueur. Le tampon de coton et le verre contenant du coton se remettent immédiatement et au moment précis où l'on éteint la lampe. Le bouillon ainsi préparé est placé dans l'étuve à 32°-38° C. et laissé là pendant trois semaines. Si, comme cela a lieu généralement, il reste limpide, on le considère comme complètement stérilisé.

2. *Solution de peptone et de sucre.* — De la peptone de bœuf (de Savory et Moore) est dissoute dans l'eau distillée dans la proportion de 2 0/0 environ; l'on ajoute à la solution environ 1 0/0 de sucre de canne, de sorte que 100 cent. cubes de la solution contiennent 2 gr. de peptone et 1 gramme de sucre. La dissolution est bien neutralisée et filtrée ensuite (les vases étant dans ce cas comme dans tous les autres stérilisés par le chauffage) dans des ballons et traités comme le bouillon.

L'on peut employer la même liqueur sans addition de sucre, ou encore l'on peut dissoudre la peptone dans du bouillon dans la proportion de 1 à 2 0/0.

3. *Liqueur de Buchner.* — 10 parties d'extrait de viande de Liebig et 8 parties de peptone dans 1,000 parties d'eau.

4. *Liquide de l'Hydrocèle* (Koch). — L'on emploie pour faire la ponction un trocart et une canule neufs ou soigneusement stérilisés par le flambage; à la canule se fixe un tube de caoutchouc qui a séjourné pendant quarante-huit heures dans une solution concentrée d'acide phénique. On introduit soigneusement et rapidement l'extrémité libre du tube dans un ballon bouché avec du coton stérilisé et on y laisse couler le liquide ainsi obtenu jusqu'aux deux tiers du volume du ballon. Celui-ci est ensuite exposé dans un bain-marie ou un

bain de sable à la température de 58° à 62° pendant
3, 4, 5 ou 6 jours consécutifs. Placé ensuite dans l'étuve
à 32°-38° C. pendant une à trois semaines, le liquide
demeure limpide.

5. *Serum du sang* (Koch). — Une canule de verre et
un tube de caoutchouc sont trempés dans l'acide phénique concentré pendant quarante-huit heures. La canule est introduite dans l'artère carotide d'un mouton
sain et le sang artériel, après qu'on a enlevé la pince
placée près de l'artère, est reçu dans un ballon stérilisé, le
bout libre du tube étant introduit dans le col du ballon
comme précédemment. Après la saignée, on abandonne
le sang au repos pendant vingt ou trente heures et l'on
en recueille le sérum clair au moyen d'une grande
pipette de verre ou d'un siphon stérilisé. Celui-ci est
soigneusement introduit entre le tampon de coton et la
paroi du verre et déchargé ainsi dans un ballon stérilisé
bouché ou un grand tube à essai, la pipette ou le siphon
étant aussi dans ce cas soigneusement introduits entre
le bouchon de coton et le verre.

Ce serum est ensuite chauffé pendant plusieurs jours
de la même manière que le liquide de l'hydrocèle.

Sont moins employés :

6. *Liqueur de Pasteur*. — Dans 100 parties d'eau
distillée, dissolvez 10 parties de sucre de canne pur,
1 partie de tartrate d'ammoniaque, et la cendre d'une
partie de levûre.

7. *Liqueur de Cohn*. — 100 cc. d'eau distillée,
1 gramme de tartrate d'ammoniaque, pas de sucre et
à la place de la cendre de levûre, on met (A. Mayer)
0,5 grammes de phosphate de potasse, 0,5 de sulfate de
magnésie cristallisé et 0,5 grammes de phosphate de
chaux tribasique. Ces deux liqueurs sont stérilisées de
la même manière que les solutions de bouillon et de

peptone. Les organismes pathogènes ne prospèrent pas dans ces deux liqueurs.

B. — Solides

Les milieux solides ont ce grand avantage sur les milieux liquides que dans les premiers, les cultures artificielles s'effectuent plus aisément. Grâce en effet à la résistance que présente le substratum solide à l'accroissement des organismes, ceux-ci demeurent confinés dans le ou les points sur lesquels ils sont semés et peuvent par conséquent être plus facilement surveillés. De plus l'on peut reconnaitre à temps une contamination accidentelle, c'est-à-dire un développement apparaissant à une place où l'on n'a point semé. Ces avantages sont peut-être le plus utiles lorsqu'il s'agit de cultiver des organismes sur une surface exposée au contact de l'air et, bien entendu, protégée de la contamination par d'autres organismes.

Ces avantages des milieux solides ont été très minutieusement exposés par Koch[1] dans ses recherches sur les bacteries pathogènes.

Comme milieux solides, l'on emploie :

1. *Tranches de pomme de terre bouillie, blanc d'œuf cuit ou colle de pâte* (Fokker, Schrœter, Cohn, Wernich). — Bien que ces matières soient très employées pour l'étude des hyphomycètes et spécialement des bactéries chromogènes, on ne s'en sert généralement pas pour l'étude des autres bactéries et des organismes pathogènes. Le progrès du développement d'un organisme spécial semé sur un point ou sur une ligne de la surface de ces substances peut-être aisément surveillé à l'œil

1. *Mittheilungen d. k. Gesundheitsamtes*, I. 1881.

nu. Ces substances, se placent parfaitement fraiches sur une plaque de verre suiffée, on les recouvre d'une cloche de verre bien rodée; l'atmosphère de la cloche est maintenue humide par un morceau de papier buvard mouillé posé sur la plaque de verre.

2. *Gélatine.* (Brefeld, Grawits, Koch.) — On l'emploie avantageusement en mélange avec le bouillon, la peptone, l'extrait de bœuf, le serum du sang ou le liquide de l'hydrocèle. Koch, qui a imaginé ce mélange, l'emploie pour les cultures de bactéries sur milieux solides destinés à être exposés à l'air. La proportion de gélatine dans ce mélange était de 2 à 3 p. 0/0. Mais bien que solide à la température ordinaire, ce mélange ne le demeure point dans l'étuve, pas mème à 20° C. J'ai trouvé qu'il fallait ajouter au moins 7, 5 p. 0/0 de gélatine au mélange pour qu'il reste solide de 20°-25°. Passé cette température la gélatine se liquéfie même lorsqu'elle est portée à 11 p. 0/0.

La gélatine la plus fine (étiquette dorée) en minces tablettes est coupée en petits morceaux. Ceux-ci sont laissés dans l'eau distillée (1 p. 6) pendant une nuit et ensuite dissous sur un bain-marie. La dissolution est neutralisée par le carbonate de soude et filtrée à chaud. Si elle n'est pas limpide on la fait bouillir avec un blanc d'œuf et on la passe chaude à travers un linge fin stérilisé. Ce liquide est ensuite mélangé avec la moitié de son poids de bouillon de solution de peptone ou de Liebig, de manière qu'il y ait une partie de gélatine dans neuf parties de liquide ou 11 1/9 p. 0/0 de gélatine. Le mélange est bouilli à plusieurs reprises et traité comme nous l'avons dit plus haut en parlant du bouillon; il peut être liquifié en le plaçant sur un bain-marie, et aisément décanté dans des tubes bouchés stérilisés (voir plus bas); l'on peut ainsi l'employer comme un bon milieu nutritif solide pour la culture des organismes à 25° C.

La solution de gélatine ci-dessus sans mélange peut être bouillie une ou deux fois et, ainsi stérilisée, conservée en provision. On peut l'employer en mélange avec le sérum du sang ou le liquide de l'hydrocèle. Le mélange doit être stérilisé de la façon que nous avons indiquée pour le sérum ou le liquide de l'hydrocèle, c'est-à-dire en l'exposant pendant 5 à 7 jours à une température de 58 à 62° C. Naturellement quelles que soient les proportions du mélange il ne reste pas solide passé 25° C. Mais en l'exposant pendant quelques jours ou quelques semaines à la chaleur de l'étuve, l'on peut par l'évaporation, le garder solidifié à de plus hautes températures.

3. Le sérum du sang, le liquide de l'hydrocèle solides (G. Makins) et l'agar-agar (Koch) sont d'un bien meilleur emploi, car ils restent solides à toute température.

Le premier, c'est-à-dire le sérum de sang, et le second, c'est-à-dire le liquide de l'hydrocèle, peuvent être solidifiés en les portant *graduellement* après stérilisation, à la température de 68°-70° C. (Voir p. 20). Au bout d'une heure ou deux, la matière devient solide, perdant un peu de sa limpidité, mais restant assez transparente pour remplir le but que l'on se propose. Par un chauffage rapide ou porté au-dessus de 70° C. la matière devient solide, granuleuse et opaque. Naturellement le liquide ainsi solidifié ne peut plus être liquéfié de nouveau et pour cette raison doit être déjà contenu dans les vases (tubes à essai ou petits ballons) dans lesquels on se propose de faire les cultures. Le sérum du sang et le liquide de l'hydrocèle peuvent encore être solidifiés en les exposant, après stérilisation, dans des tubes à essai, à une chaleur modérée, dans une étuve à 23 ou 38° par exemple pendant quelques semaines. Le milieu devient solide par l'évaporation et, ainsi traité, conserve parfaitement sa limpidité.

L'agar-agar ou colle du Japon est très difficile à se pro·curer[1]. On la vend sous forme de lamelles ou de bandes étroites, très minces, ridées et transparentes. On la fait tremper une nuit dans l'eau salée (une partie d'agar-agar pour 5 ou 6 d'eau salée) et on la dissout ensuite au bain-marie. La solution est bien neutralisée par le carbonate de soude, filtrée et mélangée avec le tiers de son poids de bouillon ou de solution de peptone ou d'extrait de bœuf. Je me sers en général de la solution de peptone décrite plus haut. Bien bouillie chaque jour pendant 30 minutes ou une heure dans des ballons stérilisés, elle donne au bout de 2 ou 3 jours un milieu stérile tout à fait transparent et qui demeure solide à une température de 45°-38°C., c'est-à-dire à une température beaucoup plus élevée que celle qui est jamais employée pour la culture des microbes. Elle se liquéfie à une plus haute température et peut être soumise en cas de nécessité à une nouvelle ébullition. Avant d'être considérée comme parfaitement stérile, elle doit être, comme tous les autres milieux de culture, placée pendant quelques jours ou quelques semaines dans l'étuve à 32°-38° C. Si elle est parfaitement limpide après ce temps, on peut la considérer sûrement comme stérile.

Parmi tous les milieux solides, j'ai trouvé que ce mélange d'agar-agar et de solution de peptone sucrée

---

1. MM. Christy and C°, Fenchurch Street, 155, ont réussi à me procurer une grande quantité de cette matière venant de Paris. D'après mon ami le D R. Maddox, cette substance serait en réalité celle que l'on nomme en France *gélose*.

était le meilleur à tous les points de vue. C'est un excellent milieu nutritif admirablement limpide et ferme. L'agar-agar seul sans mélange de peptone n'est pas un bon milieu de culture.

CHAPITRE III

Vases et instruments de culture.

Tous les instruments (ballons, tubes à essai, verres, filtres, toile) destinés à l'usage sont d'abord parfaitement stérilisés par le chauffage. Pour les ballons et les tubes à essai, cette stérilisation peut s'obtenir en les soumettant entièrement *de toutes parts* à la flamme d'un large bec de gaz. *Pendant qu'ils sont tout à fait chauds* on en bouche l'ouverture avec un bon tampon de coton stérilisé d'un ou deux pouces de long, en poussant celui-ci au moyen d'une pince flambée. Ce tampon ne doit point, en tout cas, être ni trop lâche ni trop serré ; il vaut mieux tomber dans le second excès que le premier. Si le tampon de coton est long on peut se contenter d'en mettre un seul ; dans le cas contraire on en mettra deux. On peut encore stériliser les ballons et les tubes à essai en les plaçant pendant quelques heures dans une chambre à air (fig. 4) chauffée par un large fourneau à gaz à la température de 130°-150° C. Lorsqu'il s'agit de petits ballons et de tubes à essai, ce procédé est naturellement le plus commode, puisqu'on peut en chauffer en même temps un grand nombre. Les verres et les entonnoirs destinés seulement à une opération temporaire sont placés à feu nu sur un trépied et chauffés à la flamme d'un bec Bunsen. Quant aux tubes à essai qui doivent recevoir les liquides de

culture, je les expose généralement, après les avoir
nettoyés et séchés, dans la chambre à air pendant quelques heures (3 à 6) à une température de 130°-150° C.
Lorsqu'ils sont chauds, on les enlève un à un, on les

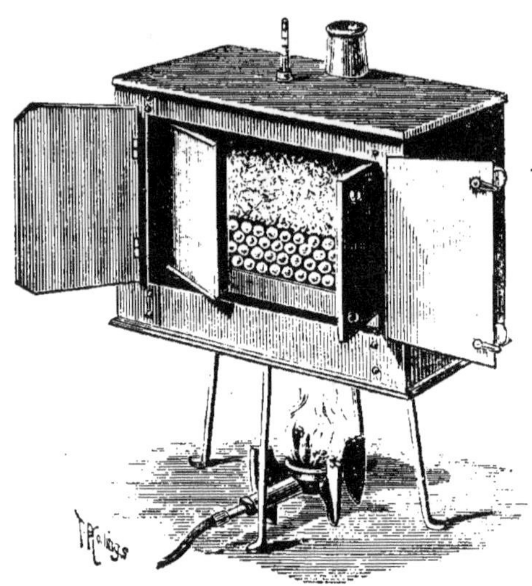

Fig. 4. Chambre à air chaud pour stériliser les tubes à essai et le
coton en rames.

Chambre de tôle à doubles parois, la chambre intérieure ayant
une double porte à deux battants. Dans la chambre intérieure se
placent les tubes à essai, verres, etc., et le coton en rames, ce dernier étant un peu lâche. Les deux battants des portes sont fermés
et l'appareil est chauffé par un large bec de gaz. Un thermomètre
sortant de la chambre intérieure à travers la paroi supérieure, indique la température de cette chambre.

bouche avec du coton stérilisé et on les replace dans
la chambre à air pour les chauffer encore quelques
heures. Cette opération et toutes celles qui vont être
décrites plus loin peuvent paraître quelque peu en-
nuyeuses et inutilement compliquées, mais je ne sau-
rais trop fortement m'appesantir sur ce point à propos
duquel on ne peut être trop scrupuleux. La moindre

inattention peut être et est parfois suivie de conséquences désastreuses sous forme de contamination accidentelle et par conséquent de la perte de matériaux préparés au prix de beaucoup de peine et de temps. Une longue expérience en ces matières m'a prouvé que, si, dans quelques cas, des soins moins scrupuleux n'ont pas été suivis de mauvais résultats, j'ai éprouvé aussi nombre de déceptions désagréables grâce à une légère inadvertance sur ce point.

Quelques semaines de travail peuvent être annihilées par une simple omission. Quelquefois l'on est un peu pressé, l'on ne pense pas que l'oubli de chauffer un tube ou du coton ou encore de faire rebouillir un liquide sera suivi de fâcheuses conséquences. Mais, hélas ! la nature ne recherche pas notre commodité et l'insuccès est notre partage. Si en toutes espèces d'expériences l'excès est une faute, il n'en est pas de même en ce qui concerne la culture des micro-organismes.

Le coton en rames employé pour boucher les ballons et les tubes se prépare en cardant lâchement une certaine quantité de bon coton en rames et en le plaçant sans le comprimer dans la chambre à air à 130-150° C. pendant quelques heures en répétant l'opération plusieurs jours de suite. Le coton doit brunir, c'est-à-dire doit être légèrement roussi. Trop brûlé, il devient très cassant et il est alors difficile d'en faire un tampon convenable. Le tampon employé ne doit être ni trop serré ni trop lâche. Dans le premier cas il n'est pas aisé de l'enlever facilement et dans le second il ne ferme pas assez bien. Le coton en rames qui a été placé seulement un jour ou deux dans la chambre à air pendant trois ou quatre heures n'est pas absolument stérile. Il en est de même de celui qui y a été placé à l'état de compression pendant quelque temps que ce soit. La portion centrale reste dans ce cas tout à fait blanche et n'est pas stérilisée. Le coton en rames qui n'est pas bruni à point, c'est-à-dire convenablement roussi, court toujours le risque d'être impur. On ne peut non plus se fier absolument à celui qui a séjourné même pendant plusieurs jours ou plusieurs semaines dans l'alcool absolu, l'acide phénique concentré ou tout autre liquide désinfectant.

Comme il a été dit plus haut, l'on emploie pour boucher les ballons et les tubes à essai un bouchon de coton stérilisé, modérément serré, d'environ un ou deux pouces de long, ou deux bouchons d'un pouce chacun. Une assertion telle que celle qui a été faite par le Dr Williams à la *British Association* (Section Biologique, septembre 1883) que l'on ne peut se fier aux bouchons de coton en rame parce qu'ils ne garantissent pas les liquides contenus dans les vases ainsi fermés de la contamination de l'air, ne peut être acceptée que comme s'appliquant seulement aux tampons de coton très lâches ou mal stérilisés. Cette objection ne peut évidemment s'appliquer à de bons tampons serrés en coton stérilisé, puisqu'elle a contre elle tous les résultats des auteurs qui ont étudié cette question (Pasteur, Sanderson, Cohn, Koch, Klebs, Buchner et beaucoup d'autres).

Les instruments tels que les pointes des aiguilles, les pinces employées dans les procédés de culture pour enlever les bouchons de coton ou pour les confectionner, pour faire les inoculations, etc., doivent être chauffés sur la flamme nue d'un bec Bunsen si on a quelque doute sur leur propreté. Les ciseaux et les couteaux employés pour couper les tissus que l'on se propose d'employer pour l'inoculation doivent être aussi scrupuleusement propres. L'on doit avoir une collection spéciale d'instruments dont les lames soient susceptibles d'être chauffées à feu nu sans s'abîmer.

Les seringues employées pour l'inoculation cutanée, sous-cutanée ou autre, doivent être susceptibles de supporter le chauffage. La seringue de Pravaz ordinaire en vulcanite ne se prêtant pas à ce procédé, Koch a imaginé une seringue semblable en verre. Je n'emploie pas de seringue pour l'inoculation, mais j'aime mieux me servir chaque fois d'une pipette capillaire en verre neuve et faite juste avant l'inoculation. Dans cette pipette j'introduis la petite goutte destinée à l'inoculation et, après avoir fait une très petite incision à la peau, environ 3 mm., j'introduis l'extrémité pointue de la pipette dans le tissu sous-cutane sur une longueur d'un demi-pouce ou d'un pouce, et le liquide s'introduit ainsi dans le tissu. De cette façon je suis toujours absolument préservé de toute contamination due à un virus ultérieurement employé et qui pourrait adhérer à quelque partie de la seringue.

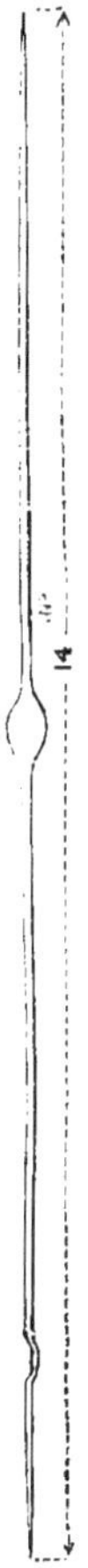

Voici comment se fait la pointe fine des pipettes capillaires (fig. 5) employées pour inoculer les animaux ou pour puiser une goutte de liquide de culture dans un ballon ou dans un tube à essai ou encore pour inoculer le matériel contenu dans un tube ou dans un ballon : Tandis qu'une main tient la boule de la pipette, l'autre en tient une extrémité ; plaçant alors à quelque distance de cette extrémité le tube dans une flamme ordinaire et l'étirant rapidement, on peut

Fig. 5. Pipette capillaire étirée en pointes fines. Longueur d'environ 30 à 32 cent.

ainsi faire une pointe d'une très grande finesse. On fait la même chose à l'autre bout. L'on peut, en fait, considérer cette pipette comme fermée aux deux extrémités.

CHAPITRE IV

Préparation des milieux de culture.

Nous avons donné plus haut les méthodes à employer
pour obtenir une provision stérile de milieu nutritif
destiné aux cultures artificielles. Les milieux solides
comme le sérum gélatiné, le sérum et le liquide de
l'hydrocèle doivent être placés avant solidification dans
des tubes à essai et de petits ballons et stérilisés ensuite
de la façon indiquée plus haut pour devenir propres à
former des cultures, c'est-à-dire à l'ensemencement. Le
mélange d'agar-agar peut cependant, comme le bouillon,
le mélange de peptone, la solution d'extrait de bœuf et
les mélanges de gélatine, être placé en réserve dans
de grands ballons. Le contenu de ces derniers peut,
après stérilisation, être décanté dans des tubes à essai
ou de petits ballons dans lesquels on doit effectuer la
culture. Les mélanges de gélatine, gélatine et bouillon,
gélatine et peptone, gélatine et extrait de bœuf, ainsi
que le mélange d'agar-agar doivent être naturellement
liquéfiés sur un bec de gaz pour pouvoir être décantés.
Les tubes à essai les plus convenables ont environ
15 cent. de long et ne doivent pas avoir moins de
25 mm. de large. Les ballons seront d'une capacité
d'environ 30 à 60 gr., et auront un goulot relativement
large. Les tubes à essai devront être remplis de liquide

sur une hauteur de deux à trois centimètres et les ballons en recevront le quart ou le tiers de leur volume.

Tous ces tubes et ballons munis de leurs tampons de coton devront, avant de recevoir les matériaux, avoir été parfaitement stérilisés par la chaleur. Comme je l'ai mentionné dans le chapitre précédent, l'on doit bien se persuader qu'en commençant une culture avec un milieu nutritif stérilisé, c'est-à-dire un milieu qui, placé dans le ballon de réserve pendant quelques jours ou quelques semaines à l'étuve chauffée à 32°-38° C., est resté parfaitement clair et limpide, et en se servant de tubes et de tampons de coton parfaitement stérilisés, il faut très peu de peine pour obtenir un milieu stérile prêt à être ensemencé. C'est courir à l'insuccès que de se servir de liqueurs bien stérilisées pourtant et de les décanter dans des tubes à essai bouchés avec du coton imparfaitement stérilisé. J'ai vu ce fait se répéter plusieurs fois et toute la matière décantée se contaminait naturellement, devenant ainsi impropre à l'ensemencement.

Les tubes à essai et les ballons doivent être bien nettoyés, séchés et placés dans la chambre à air pour y être abandonnés pendant quelques heures à une température de 130° à 150° C., en recommençant plusieurs jours cette opération, ou chauffés parfaitement de toutes parts et à feu nu sur un fourneau à gaz. La même remarque s'applique au coton en rames comme il est mentionné dans le chapitre précédent. Les tubes et les ballons bouchés à l'aide d'une pince propre avec du coton roussi à point sont replacés ensuite dans la chambre à air et portés de nouveau pendant quelques heures à deux ou trois reprises à la température de 130°-150° C., ou bien encore chauffés sur un fourneau à gaz. Pour décanter le liquide stérilisé dans les tubes et

les ballons, je procède ainsi qu'il suit. Un verre à bec
bien propre couvert d'une lame de verre propre est
placé à feu nu sur un trépied au-dessus d'un bec Bunsen et soigneusement chauffé pendant une demi-heure ;
on le laisse ensuite refroidir et, enlevant le tampon du
ballon de réserve avec une pince, on verse rapidement dans le verre une certaine quantité de liquide.
Le tampon est replacé dans le col du flacon et le verre
est couvert avec la lame. En général la quantité versée
dans le verre sera assez grande pour remplir le nombre
voulu de tubes ou de petits ballons. Le ballon de réserve
contenant encore du liquide, bien qu'ayant été ouvert
pendant un temps très court, a été néanmoins exposé à
la contamination par l'air et devra, pour cette raison,
être traité en conséquence si le liquide qui y reste est
destiné à fournir d'autre milieu nutritif stérile. On le
soumet donc à l'ébullition pendant quinze ou trente
minutes, on le met ensuite à l'étuve, on le fait bouillir
encore le lendemain et on l'abandonne à l'étuve chauffée à 32°-38° C., pendant quelques jours. Si après une
semaine ou plus, le liquide reste limpide il est naturellement considéré comme stérile.

Le liquide qui a été versé dans le verre (couvert de
de la lame de verre) est versé aussi vite que possible
dans les tubes à essai l'un après l'autre en enlevant le
tampon de coton avec une pince propre et en mettant
du liquide sur une hauteur de deux à trois centim. ; le
tampon est ensuite replacé.

Durant cette manipulation, la contamination par les
microbes de l'air, s'il en existe aux environs, est rendue
inévitable. Pour réduire autant que possible cette
chance d'insuccès, il est nécessaire d'enlever le tampon
avec des pinces propres, de verser le liquide aussi vite
que possible dans les tubes ou les ballons et de replacer

immédiatement le tampon de coton. Il faut de plus être bien persuadé que l'atmosphère n'est pas toujours et partout également contaminée. (Voyez les observations du prof. Tyndall.) J'évite généralement de faire cette opération les jours où il fait du vent et quand je la fais, je ferme portes et fenêtres et laisse l'air de la chambre aussi calme que possible. Je ne la fais pas non plus dans un appartement dont on a épousseté récemment (c'est-à-dire une heure ou deux auparavant) le parquet, les murs ou les tables.

J'ai, dans ces conditions, ouvert des tubes contenant des milieux stériles et les ai laissés ainsi de une à dix secondes, et dans quelques cas je n'en ai pas trouvé plus de 10 à 20 p. 0/0 de contaminés.

Après avoir rempli le nombre voulu de tubes et de ballons de la quantité de liquide désirée, je les soumets un à un à l'ébullition. Au moyen d'une pince à tube ordinaire je les tiens au-dessus d'une très petite flamme jusqu'à ce que le liquide entre en ébullition et je laisse celle-ci se prolonger de deux à cinq minutes. Pendant cette opération le bouchon de coton est seulement un peu tiré au dehors et immédiatement après replacé de nouveau et poussé avec un agitateur propre. Le tube à essai est ensuite placé (bien entendu debout) dans un verre au fond duquel on a mis en guise de coussinet une couche de coton en rames. Quand on a terminé, les tubes placés dans le verre (fig. 6) sont tous transportés dans l'étuve et abandonnés pendant vingt ou trente heures à la température de 32°-38° C. L'ébullition est ensuite répétée une fois encore. On les place alors dans l'étuve pendant quelques jours ou quelques semaines. Je les y laisse généralement pendant deux ou trois semaines et tous ceux dont le liquide demeure clair et limpide sont considérés comme stériles

et prêts à être employés. En thèse générale, lorsque l'on
se sert d'une provision de liquide stérile, qu'on emploie
des tubes et des tampons de coton bien stérilisés et
qu'on fait bouillir une ou deux fois après le décantage,
on ne doit point éprouver de perte de tubes par la contamination accidentelle des microbes de l'air pendant
la décantation. Quelquefois cependant j'en ai perdu une

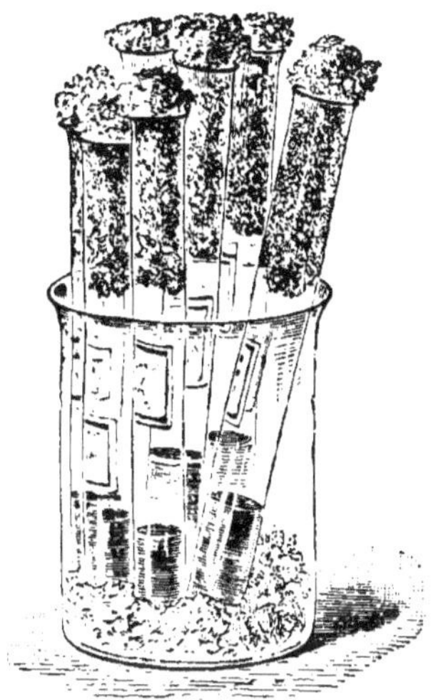

Fig. 6. Verre contenant des tubes de culture bouchés avec du coton.

proportion de cinq p. 0/0 et plus, mais alors on pouvait
toujours retrouver la cause de l'accident. Le décantage
sous le brouillard d'acide phénique n'est pas praticable
et présente de nombreux inconvénients; toutes les fois
que je m'en suis servi, j'ai toujours eu une plus grande
proportion de tubes contaminés que lorsque je ne l'em-
ployais pas. C'est pour cette raison que je ne me suis
pas servi du *spray*.

Les tubes à essai contenant les milieux nutritifs solides se placent généralement assez inclinés pendant la

solidification (voir au chapitre précédent) de façon à permettre à la matière de s'étaler sur une plus large surface. Cette condition n'est pourtant pas absolument essentielle.

CHAPITRE V

Méthodes d'ensemencement des cultures.

Les tubes à essai et les petits ballons contenant le milieu stérile prêt pour l'ensemencement, il est nécessaire de décrire de quelle façon celui-ci doit s'effectuer.

1. *Ensemencement par les cultures artificielles.* — La première manière et la plus simple est le cas où il s'agit d'ensemencer un nouveau tube ou un ballon avec un organisme déterminé qui a été déjà cultivé dans un tube de culture; c'est-à-dire lorsqu'on doit faire d'après une culture artificielle une nouvelle culture artificielle ultérieure. Faites une pipette capillaire à pointes fines, récemment étirée, telle qu'on l'a décrite dans un chapitre précédent. Enlevez avec une pince propre la partie superficielle du coton du premier tube ou ballon, poussez soigneusement et doucement une des extrémités effilées de la pipette capillaire (l'autre peut être en pointe émoussée) à travers la partie restante du tampon de coton, et faites-la descendre jusqu'à ce qu'elle arrive en contact avec le liquide de culture ou, s'il s'agit d'un milieu solide, jusqu'à ce qu'elle touche le point ou la place où se développent les microbes. Laissez monter une petite goutte dans la pipette capillaire, ce qui s'effectue par le simple effet de la capillarité ou, s'il en faut une plus grande quantité, faites-l'y pénétrer en aspirant doucement par l'extrémité supérieure de la pipette. Tirez

alors tout à fait la pipette capillaire hors du tube et du coton et replacez celui-ci avec des pinces dans sa position primitive. Immédiatement après, procédez à l'ensemencement du nouveau tube de culture en opérant exactement de la même façon, à savoir : Enlevez légèrement avec une pince la partie supérieure de son bouchon de coton, poussez à travers le reste de ce bouchon la pointe fine de la pipette capillaire, c'est-à-dire celle qui contient la gouttelette de matière à ensemencer et poussez-la dans le milieu de culture au fond du tube ou du ballon. Il s'en écoule naturellement une trace du milieu d'ensemencement, ou s'il en faut une plus grande quantité, on souffle légèrement dans la pipette. Si l'ensemencement doit s'effectuer sur la surface d'un milieu nutritif solide, il se fait naturellement en déposant la semence sur sa surface ; si au contraire il doit s'effectuer dans sa masse, on pousse la pipette au milieu de celle-ci et on y dépose la semence. La pipette est alors enlevée tout à fait et le bouchon replacé comme précédemment. Le nouveau tube est ensuite placé dans un verre sur un coussinet de coton et exposé dans l'étuve à la température voulue.

Si nous avons cependant un liquide de culture ou autre qui contient, comme l'aura démontré l'examen microscopique, des espèces diverses d'organismes que nous voulons isoler, c'est-à-dire si nous désirons introduire une espèce seulement dans un nouveau tube de culture, il nous faut nous servir alors de la méthode de « culture fractionnée » de Klebs, ou de la méthode de « dilution » de Lister et Nægeli.

La culture fractionnée consiste à isoler par des cultures successives les différents organismes qui se sont primitivement développés dans la même culture. Si nous prenons avec une pipette capillaire une trace du

liquide de culture et si nous ensemençons avec des
traces de celle-ci et de la façon indiquée plus haut
une série de nouveaux tubes de culture contenant des
milieux nutritifs variés; si nous exposons ces tubes
dans l'étuve à une température déterminée, soit 35° C.,
il y a des chances pour que dans les premières trente
ou trente-six heures toutes les différentes espèces ense_
mencées ne se développent pas en nombre égal dans
tous les tubes. Il y aura beaucoup plus de chances
pour qu'une espèce seulement dans chaque tube,
c'est-à-dire celle qui se développera le mieux dans ce
milieu particulier et à cette température particulière,
prenne une énorme extension, alors que les autres n'auront encore que peu ou pas progressé. Le milieu nutritif paraît trouble et rempli principalement d'une seule
espèce d'organismes. Prenant maintenant avec une
pipette capillaire neuve une petite gouttelette de cette
nouvelle culture, on s'en sert pour ensemencer un nouveau tube. Il y a toutes chances pour que vous inoculiez
seulement une espèce qui sera celle qui se trouvera la
plus abondante et peut-être la seule présente. Après
trente-quatre heures d'incubation, ce nouveau tube
contient probablement maintenant une seule espèce
d'organismes. Pour en acquérir une absolue certitude,
ensemencez-en un nouveau tube de culture et vous
aurez maintenant semé d'une façon presque certaine,
une espèce seulement. De cette manière et par des
transports réitérés, il est possible d'obtenir des cultures pures ne contenant qu'une espèce d'organismes.
Plusieurs conditions, telles que l'aspect microscopique
et la coloration du milieu de culture, la formation d'une
pellicule, la proportion du développement dans un
temps donné, indiquent souvent si l'on a l'espèce que
l'on désire isoler. Il est cependant, dans certains cas,

extrêmement difficile d'isoler des espèces d'après cette méthode.

La méthode de dilution consiste à diluer très largement le milieu de culture contenant des espèces variées, avec un liquide indifférent stérile tel que la solution saline à 0,6 p. 0/0 bien bouillie, et à ensemencer de nouveaux tubes avec une gouttelette de ce milieu extrêmement dilué. Pour cela prenez dans une grande pipette une petite gouttelette du premier liquide de culture, passez ensuite l'extrémité pointue de cette pipette dans un tube ou dans un ballon (bouchés) contenant de la solution saline bien bouillie, et aspirez-y une certaine quantité de cette solution, de façon à diluer largement (mille fois et plus) la gouttelette du liquide de culture. Avec cette dilution ensemencez alors une série de nouveaux tubes contenant différents milieux nutritifs en vous servant toujours d'une trace de liquide pour l'inoculation. Par ce moyen il est probable que, grâce à sa grande dilution, la petite partie d'une gouttelette de ce mélange employée à de nouvelles inoculations, contient seulement une espèce. En employant une série de nouveaux tubes de culture et en les inoculant ainsi, l'on trouvera, après vingt-quatre heures d'incubation, que certains tubes n'ont pas reçu de germes et que d'autres n'en contiennent seulement qu'une seule espèce. S'il est nécessaire de diluer plus largement le liquide primitif et s'il est rempli de différents organismes, on en verse une petite goutte dans un grand ballon contenant de la solution saline bien bouillie, de façon à pouvoir effectuer une dilution à un pour un million ou plus.

Les deux méthodes, c'est-à-dire celle de culture fractionnée et celle de dilution, peuvent heureusement se combiner de la façon suivante : Prenez avec une grande pipette capillaire une gouttelette, de la première ou de

la seconde culture nouvellement effectuée d'après la
méthode de culture fractionnée et dans laquelle, après
vingt-quatre ou trente-six heures prédomine fortement
une seule espèce ; diluez largement cette goutte avec
de la solution saline de la façon décrite ci-dessus et
ensemencez-en maintenant un nouveau tube de culture.
Si après vingt-quatre heures d'incubation le microscope
révèle dans la nouvelle culture plus d'une espèce d'organismes, renouvelez l'opération de dilution et d'ensemencement pendant plusieurs générations. Il est ainsi
possible d'obtenir des cultures d'une seule espèce, bien
que le liquide primitif ait contenu plusieurs espèces
d'organismes.

Ensemencement par le sang, les sucs et les tissus. —
Pour établir une culture au moyen du sang d'un animal mort, ouvrez le thorax en enlevant le sternum
avec des ciseaux propres, enlevez le péricarde, percez
avec la pointe aiguë d'une pipette capillaire neuve la
paroi du ventricule droit ou de l'oreillette droite et laissez une goutte de sang monter dans la pipette ou aspi-
rez-en un peu s'il en faut davantage, retirez la pipette et
ensemencez comme précédemment un nouveau tube de
culture. Ou bien, s'il est nécessaire d'avoir le sang
d'une grosse veine, dénudez le vaisseau avec des instruments flambés, faites-y une petite incision avec des
ciseaux flambés et poussez-y bien avant l'extrémité
pointue d'une pipette capillaire. Si l'on désire avoir le
suc d'un ganglion lymphatique de la rate ou d'un autre
organe parenchymateux, percez cet organe, après en
avoir lavé la surface par une solution de perchlorure de
mercure (Koch), avec l'extrémité pointue d'une pipette
capillaire, poussez-la ensuite à l'endroit voulu et, comprimant l'organe, prenez-y une petite goutte ou deux de
liquide. L'on emploie le même procédé pour avoir le pus

d'un abcès ; on peut en percer la paroi avec la pointe d'une pipette capillaire ou sinon y faire une petite incision et y introduire la pipette. Pour avoir le sang d'un animal vivant, dénudez un vaisseau avec des instruments flambés, faites-y une petite incision avec des ciseaux flambés, poussez à travers cette incision et bien avant dans le vaisseau, l'extrémité de la pipette et laissez le sang y monter. Si l'on désire du sang d'un homme vivant, il faut bien laver au savon et à l'eau, puis ensuite avec de l'acide phénique concentré ou une solution de bichlorure de mercure l'extrémité d'un doigt, produire une congestion veineuse dans la dernière phalange en la comprimant par une ligature, percer la peau de la phalange avec une aiguille flambée (chauffée et refroidie) et, plongeant l'extrémité aiguë d'une pipette dans la goutte de sang, en laisser monter une gouttelette dans le tube capillaire.

S'il s'agit de tissus ou de parties de tissus solides, la base d'un ulcère par exemple ou un tubercule du foie, de la rate ou du poumon, il est possible d'introduire dans le tube capillaire de la pipette, après en avoir poussé l'extrémité pointue dans le tissu, une gouttelette du suc de la partie voulue. Si ce procédé n'est pas applicable, c'est-à-dire s'il est nécessaire d'avoir une particule solide, l'on doit suivre le procédé de Koch : Incisez la partie avec des ciseaux ou un scalpel propres, enlevez-en rapidement une petite parcelle avec la pointe d'une aiguille ou d'un fil de platine préalablement flambé et introduisez-la rapidement dans le tube de culture à l'endroit voulu, c'est-à-dire à la surface ou dans la masse d'un milieu nutritif solide ou liquide. Naturellement dans ce cas le coton doit être entièrement enlevé et la contamination par les organismes de l'air est par conséquent possible, mais en ensemençant

plusieurs tubes à la fois et en faisant rapidement l'opération, on réussit toujours à obtenir quelques-uns des
tubes sans contamination par l'air. J'ai fait de nombreux
ensemencements de cette façon avec des parcelles solo-
lides (tubercules) et, comme Koch, j'ai vu seulement une
petite proportion de tubes perdus par la contamination
des organismes de l'air.

L'on doit suivre la même marche, c'est-à-dire employer la pointe flambée d'une d'aiguille ou d'un fil
de platine pour enlever la matière à ensemencer, lorsqu'on veut se servir de la culture d'un milieu nutritif
solide sur ou dans lequel les organismes se développent
et qu'on a besoin de transporter, soit pour l'ensemencement d'un nouveau tube, soit pour l'inoculation d'un
animal. Une méthode utile qui n'exige pas l'enlèvement
du bouchon de coton et qui peut s'employer aisément
dans le dernier cas est celle-ci : Déposez avec la pointe
d'une pipette capillaire une petite goutte d'un liquide
stérile quelconque (bouillon ou solution saline bien
bouillie) sur le point du milieu solide où se développent
les organismes, grattez ensuite ce point avec le bout de
la pipette capillaire afin de détacher les organismes de
leur substratum solide et de les mélanger à la goutte
de liquide, laissez ensuite de nouveau cette goutte remonter dans la pipette capillaire et enlevez celle-ci.
Tout ceci peut se faire sans enlever le tampon de coton
du tube ou du ballon dans lequel se fait le développement.

Si l'on doit se servir d'un morceau de tissu, les parties superficielles en sont probablement contaminées
par les organismes de la putréfaction : par exemple un
tubercule du poumon ou de la rate. Il est bon, suivant
le conseil de Koch, de désinfecter ces parties superficielles en les lavant avec une solution diluée de subli-

mé corrosif, et de les enlever ensuite avec des ciseaux propres pour obtenir ainsi la partie centrale dont on veut se servir pour l'inoculation. Naturellement on ne doit point plonger tout l'organe dans le sublimé, puisqu'il détruirait les organismes.

Toutes ces méthodes peuvent être facilement modifiées selon les circonstances et il n'est pas nécessaire de s'étendre davantage sur ce sujet[1].

Plusieurs méthodes ont été employées dans le but d'observer sur une préparation microscopique les modifications graduelles du développement d'un micro-organisme. Dans toutes, quelles qu'elles soient, il faut évidemment placer la préparation sous l'influence de la température requise pour le développement des germes.

La méthode la plus simple consiste à semer les organismes sur un milieu nutritif approprié, dans une petite cellule de verre disposée de façon à pouvoir être placée sur la platine du microscope et à y être soumise à l'observation même avec les plus forts grossissements; telles sont les cellules dont Koch s'est servi dans ses études sur le *bacillus anthracis*. Cette cellule de verre consiste en un porte-objet au centre duquel est une concavité assez étroite et pouvant se fermer tout à fait par la superposition d'un couvre-objet ordinaire dont les bords sont enduits de paraffine pure ou d'huile d'olive. Placez avec une aiguille propre, une parcelle du contenu de la rate d'un animal mort du charbon, dans une goutte d'un milieu nutritif liquide ou solide déposée au centre d'un couvre-objet bien nettoyé dont les bords ont été préparés comme nous l'avons dit ci-

1. Voyez aussi Koch, *Untersuchungen über pathogene Bacterien*, et *Berichte aus dem k. Gesundheitsamte*, Berlin, 1881, et *Die Aetiologie d. Tuberculose*, *Berlin. klin. Wochenschrift*, n° 15, 1882.

dessus; ajustez ce couvre-objet sur le porte-objet con-
cave, de manière que la préparation soit tournée vers
la concavité; exposez cette préparation ainsi faite à une
température constante soit en la plaçant dans une étuve
et l'examinant au microscope d'heure en heure, soit
en employant la platine chauffante (Stricker, Ranvier),
dont on se sert en histologie pour observer directement
l'influence de la température sur les diverses cellules

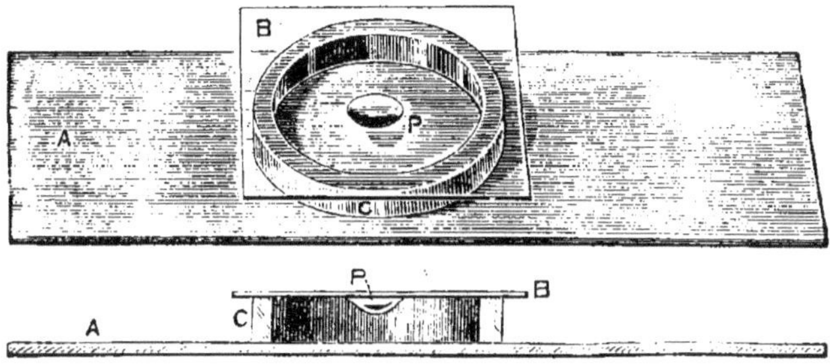

Fig. 7. Cellule de verre pour observer sous le microscope le progrès
du développement des micro-organismes.

La figure supérieure montre la cellule en perspective, et l'infé-
rieure en donne le profil ou la coupe longitudinale.
   A. Porte-objet.
   B. Couvre-objet.
   C. Anneau de verre formant la paroi de la chambre.
   P. Goutte du milieu nutritif dans lequel se développent les mi-
      cro-organismes.

et les tissus, ou bien encore, placez simplement la préparation sur la platine du microscope et exposez le
tout (c'est-à-dire le microscope aussi) dans une chambre
chaude appropriée (d'après Klebs), mais de façon que
la chambre laisse arriver la lumière sur le miroir au
moyen d'une petite fenêtre, tandis que l'oculaire sortira
par une ouverture faite à la paroi supérieure. La méthode que je suis généralement est, sauf quelques lé-
gères modifications, celle de Koch.

L'on fait une cellule de verre (figure 7) en collant un anneau de verre de 1 à 2 centimètres de diamètre et d'environ 2 ou 3 millim. de hauteur sur nu porte-objet ordinaire. L'intérieur de cette cellule est bien nettoyé à l'alcool absolu. Un mince couvre-objet carré ou rond de 25 millim. de diamètre environ est soigneusement chauffé en le passant pendant quelques secondes sur la flamme d'un bec de gaz ou d'une lampe à alcool. Sur le bord supérieur de l'anneau de verre, on passe avec un pinceau de poil de chameau une mince couche d'huile d'olive propre. On dépose une goutte d'eau au fond de la cellule de façon à maintenir le milieu bien saturé d'humidité. Une goutte de matière nutritive stérilisée (bouillon, humeur aqueuse, liquide de l'hydrocèle, serum du sang, mélange de gélatine liquéfié, agar-agar liquéfié, etc.) est ensuite déposée avec une pipette capillaire au centre du couvre-objet, l'on plonge alors rapidement la pointe de la pipette ou de l'aiguille contenant la matière à ensemencer dans la goutte de milieu nutritif (ou si c'est un milieu solide on y trace des lignes ou des points), le couvre-objet est retourné et placé sur la cellule de verre. La couche d'huile d'olive maintient les bords du couvre-objet adhérents à la cellule et s'oppose au passage de l'air. Cette cellule est ensuite placée dans l'étuve et soumise à la température voulue. On procède de temps en temps à l'examen microscopique pour suivre le progrès des organismes. Cet examen peut se faire sous les plus forts grossissements, puisque le développement a lieu contre la face inférieure du couvre-objet.

Bien que la contamination par l'air ne soit point évitée par ce procédé, il est encore possible, en faisant plusieurs préparations en même temps et en opérant rapidement, d'obtenir des cultures pures. Cette cellule de verre peut aussi être chauffée sur une platine chauffante ou dans la chambre chaude de Klebs.

M. Nachet, de Paris, a construit une cellule de verre, dans laquelle la goutte de matière est déposée au fond de la cellule, le porte-objet étant remplacé par une très mince lame de verre; mais il faut un arrangement spécial du microscope au moyen duquel la face inférieure de la cellule, c'est-à-dire la plus rapprochée de la couche d'accroissement soit directement soumise à l'observation microscopique.

Après ce qui vient d'être dit au sujet de l'ensemencement des milieux nutritifs solides et liquides avec des matières solides, il n'est pas utile de traiter spécialement la méthode d'ensemencement avec la terre ou autres substances semblables.

3. *Examen de l'eau au point de vue des microbes.* — La plupart des eaux contiennent des bactéries de diverses espèces comme l'a démontré Burdon Sanderson, par l'expérimentation directe[1]. Si l'on doit examiner un échantillon d'eau au point de vue des microbes et en particulier des bactéries, on l'abandonne au repos pendant quelques heures jusqu'à ce que la plupart des matières tenues en suspension se soient déposées et ensuite on puise avec une pipette capillaire un peu du liquide et du dépôt et on s'en sert pour faire : 1° des préparations microscopiques destinées à l'examen immédiat ; 2° des préparations durables préparées d'après la méthode de Weigert et Koch ; c'est-à-dire en étalant sur un couvre-objet une mince couche de matières, la desséchant, la colorant avec une couleur d'aniline appropriée telle que le pourpre de Spiller, le violet gentiane, le bleu de méthyle ou de magenta,

---

1. *Reports of the Medical Officer of the Privy Council*, 1870.

lavant à l'eau, à l'alcool, à l'eau distillée, enfin desséchant et montant dans le baume ; 3° des tubes de cultures contenant un milieu nutritif stérile (bouillon, agar-agar, gélatine, liqueur de Pasteur ou de Cohn), et ensemencés de la manière indiquée plus haut, c'est-à-dire en traversant le tampon de coton avec l'extrémité efilée de la pipette capillaire. Ces tubes sont ensuite placés dans l'étuve et après un ou plusieurs jours, on en puise un échantillon avec une pipette capillaire et l'on en fait l'examen au microscope. En général après un jour ou deux d'incubation, l'on peut déjà distinguer à l'œil nu s'il y a des organismes présents, le liquide nutritif étant soit uniformément trouble, c'est le cas le plus fréquent, soit présentant seulement une végétation au fond du tube. Mais il va sans dire que l'examen microscopique seul montre à quelle sorte d'organisme l'on a affaire. L'on effectue, s'il le faut, de nouvelles cultures d'après la première. 4° Un bon moyen pour reconnaitre facilement quelles sont les diverses espèces d'organismes qui existent dans ces cultures est celui recommandé par le prof. Angus Smith[1]. Du bouillon (gélatiné stérile) ou de la gélatine seule, contenu dans des tubes stérilisés et bouchés avec du coton stérilisé. est liquéfié, mais non chauffé au delà de 35° à 40° C. On l'ensemence ensuite avec l'eau à analyser au moyen d'une pipette capillaire. Après l'ensemencement, on mélange l'eau et la gélatine en remuant doucement le tube. Par ce mouvement les organismes contenus dans l'eau sont répandus dans la gélatine. On laisse ensuite refroidir la gélatine et on l'abandonne à l'état solide. Les organismes étant répandus dans la gélatine sont visibles, après quelques jours de développement, sous

1. *Sanitary Record*, p. 314, 1883.

forme de groupes qui s'accroissent graduellement et sont distribués dans les différentes parties de la masse. Les diverses espèces forment, grâce à leurs modes différents de développement, des amas d'aspect, de dimension et d'arrangement différents[1].

4. *Examen de l'air*. — Le moyen le plus simple d'analyse, en ce qui concerne la présence des organismes dans l'air, est d'enlever le tampon de coton de quelques tubes ou ballons contenant du milieu nutritif stérile ou, si celui-ci a été bouilli (pomme de terre, pâte de farine ou gélatine), d'exposer leur surface à l'air et de les laisser ainsi pendant un temps qui varie de quelques secondes à quelques minutes. Remettez ensuite le tout en place et exposez à l'étuve, ou laissez simplement les tubes à la température habituelle de la pièce. Une autre méthode consiste à recueillir les matières en suspension dans l'air sur des verres mouillés de glycérine pure (Maddox) et à en faire ainsi des préparations microscopiques, ou à ensemencer des tubes avec cette glycérine. Une méthode très utile est celle recommandée par Cohn et Miflet[2]. Elle est basée sur ce principe qu'au moyen d'un aspirateur quelconque, une pompe de Sprengel ou une trompe à air par exemple, l'on fait passer l'air d'une localité déterminée dans un, deux ou plusieurs flacons de Wolff, munis chacun des deux tubes coudés ordinaires, réunis l'un à l'autre par des tubes de caoutchouc et contenant le milieu nutritif dans lequel doivent se développer les organismes. Tous les flacons et tubes étant naturellement stérilisés, l'extrémité en

---

1. Pour l'examen micrographique des eaux, voyez aussi le travail de Certes (*Analyse microscopique des eaux*, br., in-8, avec planches, Paris, B. Tignol, éditeur), où l'auteur préconise l'emploi de l'acide osmique, et la fixation *sur place* des échantillons d'eau. Ce procédé évite toute chance de contamination et est réellement pratique. (Note du Trad.)

2. *Zeitschr. f. Biol. d. Pfl.*, III, 1, p. 119.

est bouchée après le passage de l'air avec un tampon de coton stérilisé. L'on peut faire passer ainsi telle quantité d'air pendant tel laps de temps à travers une série de flacons, le premier qui reçoit l'air étant naturellement le plus contaminé.

Les flacons sont, après l'opération, placés s'il le faut dans l'étuve après qu'on a bouché l'extrémité de leurs tubes avec du coton stérilisé.

Miquel[1] a soigneusement décrit plusieurs méthodes ingénieuses pour l'étude des organismes de l'air.

1. *Les Organismes vivants de l'atmosphère*, **Paris**, 1883.

CHAPITRE VI

Morphologie des Bactéries.

Les bactéries sont de petits organismes qui ne contiennent pas de chlorophylle et se multiplient par division, d'où leur nom *schizomycetes* (v. Ngœeli). Elles sont composées d'une sorte de protoplasma, la mycoprotéine de Nencki et sont revêtues d'une membrane principalement composée de cellulose et d'une certaine proportion de mycoprotéine (Nencki).

Leur contenu est transparent et clair, mais contient parfois certains petits granules brillants de soufre (Beggiatoa). Grâce à leur membrane de cellulose, les bactéries résistent à l'action des acides et des alcalis. Beaucoup d'espèces de bactéries, *micrococcus, bacterium, spirillum*, peuvent par leur rapide multiplication former des colonies; les individus sont alors englobés dans une masse gélatineuse hyaline produite par eux et qui est aussi de la mycoprotéine. Quelques espèces sont munies de un ou de deux cils ou flagellum droits ou légèrement spiralés et sont pour cette raison doués de mouvement, nageant en ligne droite ou spirale à travers le liquide dans lequel elles sont suspendues. Tel est le cas de nombreuses espèces de bactéries, bacilles et spirilles.

Les bactéries se développent mieux quand on les laisse au repos. L'agitation du vase dans lequel elles se développent leur est nuisible. La lumière et l'électricité ne paraissent point avoir sur elles d'influence bien marquée, puisque beaucoup d'espèces se développent bien en pleine lumière. Selon Cohn et Mendelssohn[1], les courants électriques puissants exercent une influence nuisible sur le développement des micrococcus.

Certaines bactéries demandent le libre accès de l'oxygène et sont appelées aërobies (Pasteur); d'autres vivent sans oxygène et sont dites anaërobies (Pasteur). Toutes demandent pour se développer certains milieux nutritifs contenant du carbone et de l'azote. L'eau est pour elles un élément essentiel et une certaine élévation de température favorise dans beaucoup de cas leur développement. Beaucoup de bactéries pathogènes exigent pour leur multiplication une température variant selon les cas entre 18° et 40° C. Les bactéries tirent leur azote des composés organiques, quelques-unes peuvent l'extraire de composés aussi simples que le tartrate d'ammoniaque ; d'autres et surtout les organismes pathogènes exigent des composés beaucoup plus complexes, tels que ceux qui se trouvent dans le corps animal. Elles tirent également le carbone des composés organiques tels que les hydrocarbures parmi lesquels se range en premier lieu le sucre. Il faut également citer comme tels les sels formés par les acides végétaux. La présence de certains sels inorganiques tels que les phosphates et les sels de potasse et de soude est indispensable à toutes les bactéries, puisque leur propre substance en contient la proportion énorme de 4 à 6 p. 0/0.

Tandis qu'elles sont toutes susceptibles de décomposer certaines combinaisons organiques contenant de l'azote, elles peuvent à leur tour produire certains

1. Cohn. *Beitr. z. Biol. d. Pfl.* Bd. III, 1.

composés chimiques qui dans quelques cas sont bien définis pour une espèce déterminée. (Voir plus bas.) Tel est le cas des diverses bactéries qui se rapportent aux fermentations lactiques et butyriques, ainsi qu'à la production des acides appartenant aux séries aromatiques. Pour beaucoup de bactéries qui se rattachent à la putréfaction et aussi pour beaucoup d'organismes pathogènes, ces produits chimiques ont un effet nuisible. De petites quantités empêchent leur développement et des proportions plus grandes de ces substances les tuent complètement.

La plupart des bactéries meurent à la température de l'eau bouillante et beaucoup d'espèces périssent, quand on les expose pendant quelques heures à une température au-dessus de 50°-60°. Exception doit être faite pour les spores de bacilles qui dans certains cas (spores du bacille du foin, Cohn) doivent être exposées à la température de l'eau bouillante pendant au moins une demi-heure. En élevant le point d'ébullition au-dessus de 100°, il ne faut plus que quelques minutes pour les tuer (Sanderson).

La dessication détruit la plupart des bactéries excepté les spores des bacilles. Le froid les détruit également excepté les spores de bacilles qui résistent à la tempéra-de — 15° C., même après une exposition d'une heure et plus. Il ne survit plus de spores au delà de 120° C.

Parmi les substances qui empêchent le développement des bactéries ou les détruisent complètement il faut citer : l'acide phénique, l'acide salicylique, le thymol, etc. Le sublimé corrosif possède entre tous le plus fort pouvoir antiseptique (Koch) puisqu'une solution aussi faible que 1 pour 300.000 arrête le développement du *bacillus anthracis*.

La meilleure classification des bactérise est celle qui

a été donnée par Cohn[1] et que nous adopterons :
1° Sphérobactéries, micrococcus; 2° bactéries ou micro-
bactéries; 3° bacilles ou desmobactéries; 4° spirilles;
5° spirochætes. Il y a aussi d'autres espèces qui se rapprochent de l'une ou de l'autre de celles-ci. Telles sont:
ascococcus, sarcina, leptothrix (Beggiatoa) cladothrix,
streptothrix, etc. (Voir plus bas.)

Je n'ai pas l'intention de donner la description complète des caractères morphologiques des micro-organismes, mais je me limiterai aux formes qui se rattachent aux maladies d'une façon ou d'une autre.

1. *Beitr. z. B. d. Pfl.* Bd. 1.

CHAPITRE VII

Micrococcus (Hallier, Cohn).

Par le terme spécifique de micrococcus on comprend un petit organisme sphérique ou légèrement ovale (*sphærobacterium*, Cohn) qui, comme les autres bactéries, se divise par scissiparité (schizomycètes) et qui ne possède aucun organe spécial, cil ou flagellum au moyen duquel il puisse se mouvoir dans le milieu ambiant. Les micrococcus présentent, comme tous les granules lorsqu'ils sont en suspension dans un liquide, le mouvement moléculaire brownien. Ils se multiplient toujours par simple division et jamais par d'autres procédés tel que le bourgeonnement ou la sporulation. Toutes les assertions qui contredisent cette opinion sont basées sur des observations défectueuses. Tous les micrococcus possèdent une mince membrane dé cellulose et résistent, grâce à cela, à l'action des acides et des alcalis. Leur contenu est homogène et fortement réfringent à l'état d'activité, il est, au contraire, terne quand les micrococcus sont en état d'inertie. Ce contenu, comme celui des autres bactéries, consiste en mycoprotéine. La dimension des micrococcus varie considérablement : de 0,0008 à 0,002 mm. ou plus. Les micrococcus varient beaucoup, quant à leur mode de développement. Tous se multiplient en s'allongeant légèrement et en se divisant ensuite

en deux par un étranglement transversal, ils ont alors
une forme d'haltère. Chacun des deux individus se
divise de nouveau en deux soit transversalement,
soit dans le même sens qu'auparavant. Les nouveaux
éléments formés par division successive peuvent rester unis et former ainsi une chaîne (ou mycothrix

Fig. 8. Micrococcus de crachat
putride de l'homme.

1. Micrococcus isolés et en haltères.
2. Courtes chaînes.
3. Longues chaînes.
4. Zooglea.

Cette figure et toutes les suivantes sont, à moins d'indica-
tion contraire, dessinées au grossissement de 700 diamètres environ.

Fig. 9. D'après le même crachat
putride que dans la fig. précédente. Les micrococcus sont
plus grands.

1. Haltères.
2. Sarcines.
3. Une petite zooglea consistant
en réalité en quatre groupes
de sarcines.

de Itzigsohn et Hallier; cordon toruliforme, Cohn) ou
bien ils se séparent en organismes isolés ou en haltères. Quelques espèces ont une tendance dominante à
former surtout des haltères et d'autres à former des
chaînes plus ou moins longues et généralement plus
ou moins contournées.

On obtient parfois de ces chaînes d'un très bel aspect
dans le sérum du sang exposé à l'air pendant quelques
jours et dans les sucs pleural et péritonéal des animaux

morts depuis peu de jours (fig. 8 et 9). J'ai vu dans
une culture artificielle faite par mon ami M. A. Lingard
d'après une pustule de l'oreille d'un lapin les plus jolies
convolutions de chaines de micrococcus. (Voir fig. 10.)

Une haltère est aussi appelée diplococcus (Billroth).
Entre les individus de l'haltère il y a toujours une auréole
pâle appréciable interposée.

Quelques espèces sont spécialement caractérisées
par leur mode de division en haltère dont chacun des
éléments se divise de nouveau transversalement en
forme d'haltère en produisant ainsi un groupe de quatre

Fig. 10. Portion d'un enroulement de chaines de micrococus, d'après
une culture artificielle faite avec le serum d'une pustule de l'o-
reille du lapin.

individus (tétrade ou sarcine). On rencontre parfois,
surtout dans les produits de la contamination par l'air,
des espèces dans lesquelles les quatre individus sont
étroitement serrés l'un contre l'autre, chacun d'eux
prenant ainsi plus ou moins la forme d'un cube. C'est
encore une véritable sarcina. (Voir plus bas.) Mais chacun de ces cubes se divise en quatre petits micrococcus
disposés comme de petites sarcines, de telle sorte qu'il
en résulte une sarcina dans une autre sarcina.

Dans beaucoup de cas les individus résultant de la
division demeurent étroitement unis sans aucun ordre
défini et forment ainsi des masses continues plus ou
moins larges, *zooglea* ou colonies dans lesquelles les
individus paraissent englobés dans une masse gélati-

neuse hyaline. Les dimensions de cette masse varient selon les espèces. Dans quelques-unes on voit très peu de la masse, les micrococcus étant étroitement unis; chez d'autres espèces elle est facilement visible, les individus étant séparés par un intervalle appréciable.

Dans quelques-unes des espèces chromogènes (voir plus bas) la masse interstitielle renferme le pigment. Les masses zoogléiques se présentent sous un aspect

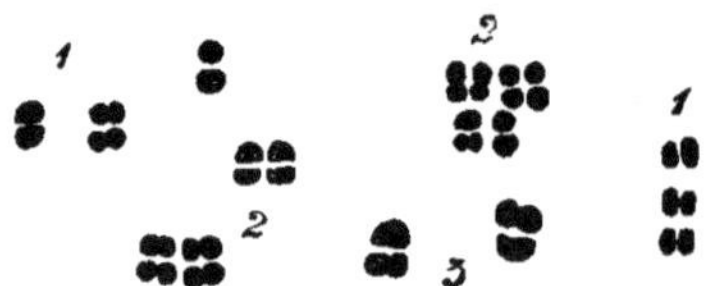

Fig. 11. Micrococus géants provenant du même crachat putride que ceux de la figure précédente.

1. Haltères.
2. Division des haltères en sarcine.
3. Division incomplète en sarcine.

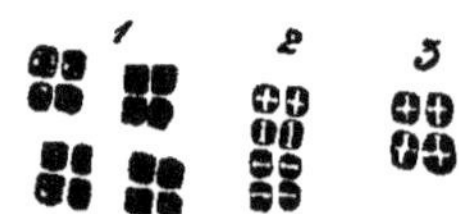

Fig. 12. Micrococus en sarcine provenant d'une culture artificielle.

1. Les éléments de chacun des quatre individus de la sarcine paraissent uniques.
2. Les éléments sont incomplètement divisés en groupes secondaires
3. Chaque élément des groupes précédents est divisé en quatre petits micrococcus.

uniformement granuleux, les granules ou micrococcus étant tous de même dimension.

Les véritables micrococcus ne s'allongent jamais en forme de baguette, bien que, dans certaines bactéries bacillaires, les individus isolés prennent parfois la forme d'éléments sphériques.

Certaines espèces de micrococcus forment après quelques jours une pellicule à la surface du milieu nutritif bien qu'il y ait aussi une foule d'individus dans la masse même de la culture. Cette pellicule se compose de zooglea et après quelque temps elle tombe en

tout ou en partie au fond du flacon, si le contenu en est
liquide. Les micrococcus qui forment ainsi des pellicules sont au plus haut point aërobies (Pasteur), c'est-à-
dire exigent une grande quantité d'oxygène qu'elles
reçoivent de l'air au contact duquel elles sont exposées
à la surface du milieu nutritif. D'autres espèces ne
demandent pas d'oxygène (anaërobies, Pasteur) et pour
cette raison se développent bien dans la masse de culture et ne forment pas de pellicule superficielle. Il y a
là une différence capitale à ce point de vue entre les
diverses espèces. Les micrococcus qui présentent un
rapport avec la maladie sont anaërobies.

Cultivés à l'étuve dans un milieu nutritif approprié,
ils produisent après un jour ou deux un trouble général
du milieu.

Les micrococcus peuvent se diviser selon leur fonction chimique et physiologique en micrococcus s.p-
tiques, zymogènes[1], chromogènes et pathogènes.

A. Les *micrococcus septiques* sont ceux qui se rencontrent avec d'autres bactéries septiques partout où
il se trouve des matières organiques solides ou liquides
en décomposition. Il existe un grand nombre d'espèces
de ces micrococcus, différentes l'une de l'autre par leur
dimension et leur mode de développement. Elles sont
très répandues dans l'atmosphère et la contamination
par l'air est souvent suivie de l'apparition de micrococcus. On les trouve aussi dans le corps de l'homme
et des animaux partout où se trouve du tissu mort dans
lequel elles se développent fort bien et en abondance.
Parmi ces espèces sont les micrococcus trouvés dans
le pus ordinaire (Ogston) dans la cavité buccale à l'état

---

1. J'adopte ce terme d'après Flügge : *Fermente und Mikroparasiten*,
Leipzig, 1883.

normal (sur les papilles filiformes de la langue et sur la membrane muqueuse) dans la secrétion bronchique des exsudations catarrhales ordinaires (cavité nasale, bronches, etc.), à la surface des ulcérations intestinales et autres, et dans l'intérieur de l'intestin grêle et du gros intestin.

B. Les *micrococcus zymogènes* sont les micrococcus qui se rattachent à une action chimique définie : 1. Le micrococcus de l'urée produisant la fermentation ammoniacale de l'urine (aërobie, Pasteur) se présente isolément, en haltères ou en chaînes, ou en zooglea.— 2. Le micrococcus de la fermentation mucoïde du vin produit un changement mucoïde particulier du vin et de la bière (Pasteur) et se rencontre surtout sous la forme de chaînes.— 3. Le micrococcus qui cause la phosphorescence de la viande et du poisson pourris (Pflüger) forme surtout des zooglea (aërobies).

C. Micrococcus chromogènes. (Schrœter, Cohn). — Ces micrococcus sont caractérisés par le pouvoir qu'ils possèdent de former des pigments de diverses couleurs. Ils se développent bien à la température ordinaire et se présentent surtout en zooglea. Les espèces diffèrent les unes des autres par la formation de pigments différents. Plus la couche est épaisse et mieux marqué est le pigment. Celui-ci est soluble ou insoluble dans l'eau et pour cette raison demeure limité aux cellules et à leur substance interstitielle. Les cellules sont sphériques (micrococcus *prodigiosus, chlorinus, fulvus*) ou légèrement elliptiques (M. *luteus, aurantiacus, cyaneus, violaceus*). Ils sont tous aërobies et ne produisent le pigment que lorsque l'air leur arrive librement. Ils se développent le mieux sur la pomme de terre bouillie, le pain, la colle de pâte, et le blanc d'œuf cuit. On peut les transplanter et ils produisent toujours le même pigment. Lorsqu'ils se développent et demeurent dans la masse d'un milieu nutritif solide, c'est-à-dire écartés de sa surface libre, ils prennent l'aspect de micrococcus incolores. Ils abondent dans l'atmosphère, dans certaines localités et dans certaines saisons plus que dans d'autres : 1. Le micrococcus *prodigiosus* est rouge sang, la couleur n'est pas localisée dans les micrococcus mais dans la substance interstitielle; elle est insoluble dans l'eau, soluble dans l'alcool. Ce micrococcus affecte surtout la forme zooglea en gouttelettes plus ou moins larges. C'est le plus petit de tous les micrococcus chro-

Fig. 13. Micrococcus ovale, possédant une couleur bleue ; micrococcus cyaneus, isolément et en haltères.

mogènes.— .2 Le micrococcus *luteus* es jaunâtre et son pigment est insoluble dans l'eau. Il se trouve aussi sous forme de pellicule dans les milieux nutritifs liquides. Je l'ai trouvé dans l'air et l'ai semé dans le bouillon de porc où il s'est développé très abondamment à la température de 32°-38° C. Il affectait la forme de cellules isolées ou d'haltères et formait sur la surface une pellicule épaisse qui après quelques temps tomba au fond du liquide en conservant une couleur jaune pâle.— 3. Le micrococcus *aurantiacus* se développe sur le blanc d'œuf bouilli et forme surtout des zooglea; son pigment est soluble dans l'eau.— 4. Les micrococcus *cyaneus*, *violaceus*, *chlorinus* et *fulvus* produisent respectivement des pigments bleus, violets, verts et bruns. Les deux premiers se développent bien sous forme de masses zoogleiques de cellules elliptiques sur les pommes de terre bouillies, la troisième sur le blanc d'œuf cuit et la dernière se trouve sur les crottins de cheval.

Le *clathrocystis roseo-percina* (Cohn), bactérie couleur de pêche, *bacterium rubescens* (Lankester) est un orga-nisme d'environ 0,0025 millim. de diamètre, sphérique ou ovale et d'une couleur rouge brillante. Ces cellules diffèrent du micrococcus *prodigiosus* non seulement par leur dimension plus considérable et leur couleur intrinsèque, mais aussi par cette particularité que, après avoir formé des masses zoogléiques il se développe graduellement dans ces masses des cavités ou kystes qui se remplissent d'eau tandis que les cellules colorées en occupent la périphérie. Les kystes se rompent en dernier lieu. En même temps que ces organismes il s'en présente d'autres couleur d'œillet, décrits par Cohn sous le nom de *monades*.

Monas vinosa. — Cellules sphériques d'environ 0,002-0,003 millim. de diamètre.

Monas Okenii. — Cellules cylindriques, 0,008-0,005 millim. de long et 0,005 de large, flagellées.

Rhabdomonas rosea. — En forme de fuseau, 0,004 mil-lim. de large, 0,002-0,003 millim. de long, flagellées.

Monas Warmingii. — En forme de fuseau 0,008 mil. de large, 0,015-0,020 millim. de long, flagellées.

Ascococcus. — Billroth le premier a décrit certaines masses particulières, sphériques, ovales ou lobées de petits micrococcus qu'il a trouvées dans des infusions de viande en putréfaction. Chacune de ces masses est enveloppée d'une capsule ferme, résistante et hyaline d'environ 0,010 à 0,015 millim. d'épaisseur. Les masses varient de 0,002 à 0,007 millim. en diamètre et sont composées de petits micrococcus sphériques. Cohn les

a trouvées aussi dans son liquide nutritif (liquide de
Cohn, voir chap. ii. A, 7), auquel elles communiquaient
l'odeur caractéristique du fromage. Elles sont susceptibles de changer un milieu nutritif acide en milieu
alcalin. Cohn a appelé cet organisme *ascococcus Billrothi*.

Sarcina ventriculi. — Goodsir fut le premier à décrire
dans les matières vomies par quelques malades, des

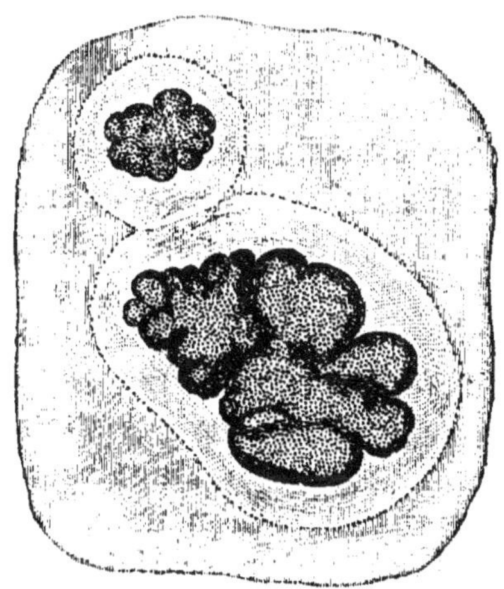

Fig. 14. Ascococcus Billrothi (d'après Cohn).

groupes particuliers de quatre cellules cubiques à bords
arrondis et étroitement placées l'une contre l'autre.
Ces *sarcinæ ventriculi* sont d'une couleur verdâtre ou
rougâtre. Le diamètre de chaque cellule est d'environ
0,004 millim. On les trouve dans le corps de l'homme
et des animaux à l'état de santé ou de maladie, les
groupes de quatre cellules formant des amas plus ou
moins grands. Parfois on rencontre aussi de petites
sarcines sur les pommes de terre bouillies, le blanc
d'œuf et la gélatine exposés à l'air. Ces sarcines sont

beaucoup plus petites que la *sarcina ventriculi* et présentent, vues en masse, une teinte jaunâtre. Comme la *sarcina ventriculi*, elles sont par groupes de quatre et se présentent aussi en amas ou zooglea plus ou moins larges. Je les ai cultivées avec succès pendant plusieurs générations dans le bouillon de porc, de bœuf, le mélange de gélatine et de bouillon à la température ordinaire et à l'étuve; plus facilement pourtant à la température ordinaire.

D. Micrococcus pathogènes. — Beaucoup d'entre eux ont un rapport avec la maladie. Dans le pus des plaies ouvertes[1] et dans celui des abcès fermés se trouvent des micrococcus isolés, en haltères et en colonies ou en chaînes courtes[2]. Dans certaines inflammations aiguës, celles produites par exemples par une injection souscutanée de térébenthine, le pus ne contient point de micrococcus ou d'autres organismes[3].

La secrétion des ulcères découverts tels qu'ils se présentent dans les inflammations aiguës ordinaires de la peau et des membranes muqueuses, dans les ulcérations du gosier dues à la fièvre scarlatine, dans toutes les ulcérations de la membrane intestinale, dans la lymphe des pustules de la peau, dans les muqueuses de la bouche à divers états d'inflammation, fournit presque toujours des micrococcus en haltères et souvent aussi en fort jolis filaments. Dans les ulcères et les abcès ils forment souvent des masses continues, c'est-à-dire des zoogleas infectant le tissu de la base de l'ulcère. Dans cette catégorie se rangent les petits micrococcus (d'environ 0,0005 millim. de diamètre) décrits par Klebs sous le

1. W. Cheyne. *Path. Transactions*, XXX.
2. Ogston, *Micrococcus in Acute Abscesses*, Br. *Med. Journal*, march 12, 1881.
3. Uskoff, *Virchow's Archiv*, vol. LXXXVI, i. p. 150.

nom de *microsporon septicum* et trouvés dans une bles-
sure. L'extension de l'inflammation purulente dans
les tissus connectifs et dans les organes parenchymateux est souvent, si les micrococcus sont présents
au foyer primitif, accompagnée d'une extension correspondante des micrococcus. Ceux-ci se développent
facilement dans tous les intervalles, dans tous les
interstices des tissus, mais cette extension est-elle d'une
importance purement secondaire c'est-à-dire concomit-

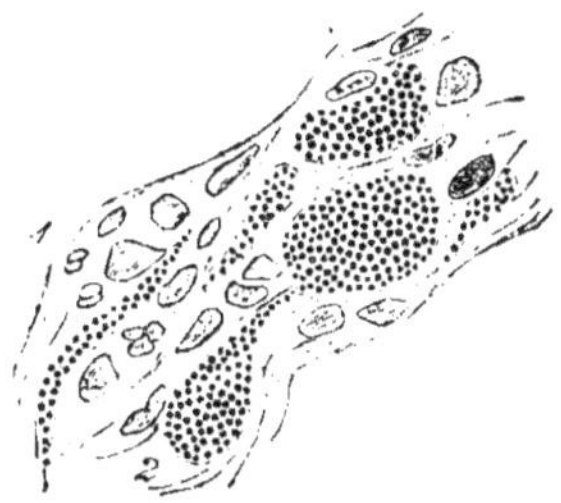

Fig. 15. Coupe de la base d'un ulcère de la muqueuse du larynx
d'un enfant mort d'une scarlatine aiguë.
1. Noyaux et fibres du tissu.
2. Zooglœa de microccocus.

tante ou subséquente au développement de l'inflammation, ou bien en est-elle, comme le veulent quelques-uns,
la cause efficiente ? c'est là un point encore obscur et
qui demande une démonstration expérimentale précise.

Dans tous les cas de diarrhée, les secrétions intestinales fourmillent de micrococcus. Dans la fièvre typhoïde les amas de micrococcus peuvent se trouver en
grande quantité sur les ulcérations des intestins et dans
la muqueuse environnante ; on les rencontre même
dans les ganglions mésentériques et dans la rate[1].

1. Klein, *Reports of the Medical Officer*, 1865. Letzerich, Sokoloff,
Fischel, etc.

Dans les infarctus des corps vivants tels qu'ils se présentent après l'embolisme et dans le cas de diverses maladies infectieuses, les micrococcus peuvent exister en colonies c'est-à-dire sous forme de zooglea dans les vaisseaux sanguins et dans les parties environnantes. Le même fait se présente pour les abcès diffus et les nécroses qui accompagnent souvent la pyémie chirurgicale. Dans cette maladie, les masses de micrococcus ont été trouvées dans la plupart des organes affectés [1].

Fig. 16. Capillaires sanguines des infarctus du foie d'une souris. Les capillaires sont distendus et remplis de zooglœa de micrococcus.

Wassilieff[2] a montré que ces micrococcus apparaissent seulement après la mort du ou des tissus dans lesquels ils peuvent alors former de grandes colonies et que par conséquent, leur présence est seulement un phénomène secondaire.

Dans les pneumonies qui surviennent dans le cours de certaines maladies infectieuses, telles que la fièvre typhoïde, la tuberculose et même dans la pneumonie catarrhale à forme sévère, on peut trouver de vastes amas de micrococcus dans les alvéoles.

1. Rapport du comité de la Société Pathologique, *Pathol. Transactions*, v. XXX.
2. *Centralblatt f. d. med. Wiss.*, n° 52, 1881.

Dans le cas où les lobules et tous les lobes se transforment en masses solides, hépatisation grise, l'on peut
trouver des masses de micrococcus dans les alvéoles et
l'on peut même en voir se développer dans les vaisseaux
sanguins dans lesquels il s'est produit de la stase. Tel
est le cas dans la pleuro-pneumonie du bétail et dans la
pneumonie de la rougeole. Pasteur a cultivé ce micrococcus de la rougeole et a ainsi reproduit la maladie

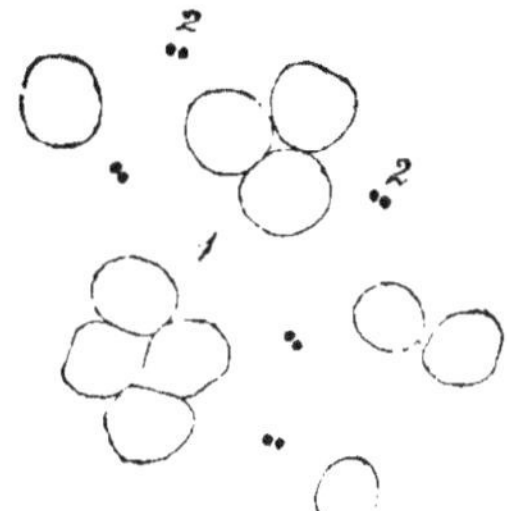

Fig. 17. Préparation du sang d'un enfant atteint de diarrhée
infantile.

1. Globules sanguins.
2. Micrococcus en haltères.

par inoculation. Mais ce n'est pas le cas. Les micrococcus bien que très abondants dans les intestins et
dans le corps[1], n'ont rien à faire avec la maladie. Les
inoculations de Pasteur avec les micrococcus cultivés
sont tout à fait trompeuses. Ses résultats positifs sont
sans aucun doute imputables à une infection accidentelle par l'air, car cette maladie est contagieuse au plus
haut degré et à moins de prendre les précautions les
plus rigoureuses pour éviter l'infection par l'air, l'on
peut obtenir des résultats positifs qui sont dus en réalité à cette cause de contamination[2].

1. *Reports of the Medical Officer*, 1878, 1879.
2. *Ibidem*.

Les micrococcus se rencontrent toujours normalement en grand quantité dans les liquides (salive, mucus, etc.) des cavités nasales et buccales, le pharynx, le larynx et la trachée. Ils proviennent, sans aucun doute, de l'atmosphère. Ils forment parfois de larges amas sur les papilles filiformes de la langue[1]. Pasteur[2] a inoculé à des lapins la salive d'un enfant atteint d'hydrophobie et ayant soumis à la culture artificielle les microbes contenus dans cette salive a cru avoir découvert qu'un micrococcus[3], *microbe spécial*, était la cause de la maladie. L'observation que la salive du chien et de l'homme à l'état de santé, injectée sous la peau d'un lapin, cause parfois la mort de l'animal (Senator) a entièrement détruit la valeur de cette remarque et Sternberg[4] a prouvé ce fait par une série complète d'expériences. Sa propre salive était même parfois nuisible aux lapins. Ils meurent de septicémie et Sternberg attribue cette maladie aux micrococcus, mais le fait n'est pas encore démontré.

Tous ces micrococcus n'ont donc pas de relation définie avec la production des maladies auquelles ils correspondent, mais sont, probablement, plutôt d'importance secondaire.

L'on considère comme étroitement unis à la production des maladies spécifiques les micrococcus suivants :

1. *Micrococcus de la variole et de la vaccine.* — Chauveau[5] fut le premier à démontrer expérimentalement

<hr>

1. « Fur of the Tongue. » *Proceedings of the Royal Society*, 1880.

2. Comptes rendus XLII.

3. Il n'est pas encore bien établi si ce microbe spécial de la rage est un micrococcus en haltère ou un bacterium termo. Il se pourrait bien que ce soit ce dernier, c'est-à-dire un bâtonnet étranglé en son milieu et, s'il en était ainsi, il paraîtrait identique à la bactérie qui produit la septicémie de Davaine chez le lapin. (Voir chap. VIII.)

4. Bulletin, april 20, 1881. National Board of Health, U. S. A.

5. Comptes rendus, 1868.

que, dans la vaccine et la variole, le principe actif est
une substance particulière non diffusible.

Burdon Sanderson a confirmé et étendu cette observation [1]. Cohn [2] prouva que la lymphe de la vaccine et de
la variole contient de nombreux micrococcus. Weigert [3]
montra, pour la petite vérole de l'homme, et Klein [4],
pour celle de la brebis, que les lymphathiques de la peau
dans la région des pustules sont remplis de micrococcus
et Pohl Pincus [5], chez le veau, découvrit leur passage à
travers l'épiderme au point de vaccination. Ces micrococcus sont très petits et sont d'après les estimations
de Cohn de 0,0005 millim. et moins de diamètre, on les

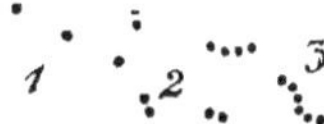

Fig. 18. Micrococcus de la lymphe fraiche de la petite vérole chez
l'homme.

1. Isolés.
2. En haltères.
3. En chaînes courtes.

rencontre isolés, en haltères, en chaines plus ou moins
longues ou en petits groupes. Cultivés sur la platine
chauffante, ils forment de très longues chaines et des
colonies. Il faut mentionner également, comme il a été
dit plus haut, que des micrococcus semblables à ceux
de la variole se trouvent aussi dans le contenu liquide
des pustules de la peau produites par diverses maladies
non infectieuses et que, pour s'assurer que ces micrococcus sont le principe actif, c'est-à-dire la *causa morbi*,
il serait nécessaire d'en faire des cultures artificielles
pendant quelques générations successives et de les

1. *Reports on the Intimate Pathology of Contagion.*
2. *Virchow's Archiv*, 1872, Keber, Hallier, Zürn.
3. *Mediz. Centralbatt*, 1871.
4. *Phil. Transactions*, 1874.
5. *Vaccination*, Berlin, 1882.

réinoculer ensuite pour produire la maladie. Cette contre-expertise indispensable à l'évidence n'a cependant pas encore été tentée [1].

2. *Micrococcus de l'érysipèle.* — Ce micrococcus est très petit, plus petit que celui de la vaccine. Lukomsky [2] a démontré que, au bord de la zone érysipélateuse, endroit où progresse le mal et ou siègent ses caractères particuliers, la rougeur et le gonflement, les lymphatiques de la peau sont remplis de zooglea de micrococcus

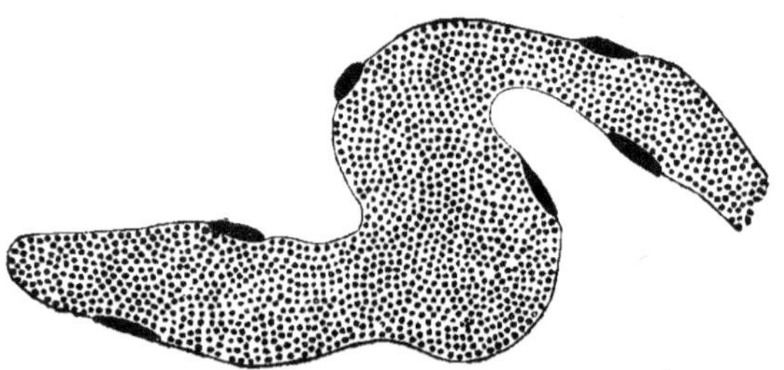

Fig. 19. Vaisseau lymphatique de la peau d'une pustule varioleuse de la brebis. Le vaisseau est rempli de micrococcus.

et que l'injection de ces vaisseaux suit la même marche que la maladie elle-même. Oth [3] a cultivé artificiellement ces micrococcus et a pu, par l'inoculation de ces cultures, produire l'érysipèle chez des lapins. Fehleisen [4] a mis ces faits hors de doute puisque, ayant fait des cultures successives de ces micrococcus provenant des lympathiques de la peau d'un homme atteint d'érysipèle, il a pu par la réinoculation de ces cultures provoquer la maladie non seulement chez le lapin, mais aussi chez l'homme. Fehleisen trouva les micrococcus

1. Voyez la proclamation du prix de la « Grocer's Company. » Londres, 1883.
2. *Virch. Archiv*, vol. LX.
3. *Archiv f. exp. Path.* Bd. i, 1874.
4. *Die Aetiologie d. Erysipels*, Berlin, 1883.

seulement dans les lymphatiques des parties malades et les cultiva artificiellement jusqu'à la quarantième génération — ce qui lui pritbien deux mois — sur la gélatine et l'extrait de viande au peptone et sur le sérum solide. Les micrococcus formaient une pellicule blanchâtre à la surface du milieu nutritif. Inoculés sous la peau de l'oreille du lapin, ils occasionnèrent une éruption érysipélateuse caractéristique qui parut, après trente-six ou quarante-huit heures, à la base de l'oreille et s'étendit ensuite sur la tête et le cou. Les animaux n'en moururent pourtant pas. Sur l'homme ces micrococcus produisirent l'érysipèle type de quinze à soixante heures après l'inoculation des cultures pures. Ces inoculations étaient dans ce cas fort justiciables, car elles étaient faites dans le but de guérir certaines tumeurs. Ainsi un cas de lupus, un cas de cancer, un cas de sarcome furent considérablement modifiés à l'avantage du malade.

Fehleisen a pratiqué aussi avec succès, dans quelques cas, une seconde inoculation peu de mois après la première. Le même observateur a trouvé qu'une solution d'acide phénique à 3 p. 0/0 et une solution de sublimé corrosif à 1 p. 0/0 détruisaient la vitalité de ce micrococcus.

3. *Micrococcus de la diphtérie.* — Buhl, Hüter et Oertel ont montré que, dans la diphtérie, les membranes contiennent des micrococcus. Oertel[1] trouva ces micrococcus en grand nombre non seulement dans les membranes diphtériques des organes de la gorge et dans leur voisinage aussi bien que dans les lymphatiques environnants, mais aussi dans le sang de la circulation

---

1. Experim. Unters. übers Diphterie. *Deutsches Archiv f. klin. Med.* Bd. VIII, 1874.

générale, dans les reins et dans les muscles. Les micrococcus ont environ 0,00035-0,001 millim. de diamètre, sont légèrement ovales et se rencontrent isolément, en haltères ou en chaines courtes. Ils forment aussi des masses continues de zooglea sous forme de corps sphériques ou cylindriques et ils pénètrent ainsi, en les détruisant, les tissus connectifs et musculaires qui les entourent. Dans quelques cas on les voit obstruer les capillaires des glomérules et les tubes urinifères des reins.

En même temps que les micrococcus, on trouve dans

Fig. 20. Fragment d'une membrane diphtérique. On y voit de nombreux micrococcus.

les membranes diphtériques des bactéries (en forme de bâtonnets) mais celles-ci sont évidemment accessoires [1]. On n'a point encore effectué de cultures ni d'inoculations de ces micrococcus.

4. *Micrococcus de la pneumonie.* — Dans les poumons atteints de pneumonie catarrhale aiguë on trouve ces micrococcus en abondance. Klebs, Eberth, Koch, Leyden et d'autres encore les ont observés, mais Friedlænder [2] constata le premier la constance de leur présence. D'après cet observateur, ils sont ovales, ou en forme de clou de 0,001 millimètre de long environ et se

1. Voyez aussi : Klebs, *Archiv f. exp. Path.* **IV** ; Letzerich, *Virchow's Archiv*, vol. LXVIII. Nassiloff, *ib.*, vol. L : Eberth, *Zur Kenntniss d. bact. Mycosen*, 1872 ; Wood and Formad, *Rep. of Nat. B. of Health, U. S. A.*, 1882.
2. *Virchow's Archiv.*, vol. 87.

trouvent dans les crachats à l'état isolé, mais surtout sous forme d'haltères ou de diplococcus, de chaînes et de zooglea. Ziehl[1] les a trouvés en grande quantité dans les crachats auxquels ils donnent dans la première période de la maladie la teinte brunâtre (jus de prune) caractéristique. Ce détail n'est pourtant pas exact, puisque cette teinte brune peut être très prononcée quoique le crachat ne contienne qu'un très petit nombre de micrococcus. Selon cet observateur, ils sont nombreux, surtout dans le commencement de la maladie, et décroissent en nombre après la période critique.

Griffini et Cambria ont trouvé aussi ces micrococcus dans le sang. Salviali a observé que leur nombre s'accroit après le troisième jour, et qu'après le neuvième ou le dixième jour ils ont tout à fait disparu.

Ils ont été trouvés par G. Giles[2] dans de nombreux cas de pneumonie (dans l'Inde) soit dans les crachats, soit dans le sang. Les cultures faites sur la pomme de terre bouillie réussissaient parfaitement. Ces micrococcus cultivés et injectés dans les tissus sous-cutanés des lapins leur donnaient la pneumonie.

Salviali et Zæslein[3] ont cultivé les micrococcus provenant du sang dans du bouillon de viande, de la solution d'extrait de viande, etc., à 37°-39° C.; ils en ont obtenu de bonnes récoltes et s'en sont servis pour inoculer sept lapins et six rats blancs qui ont présenté la pneumonie type avec les micrococcus caractéristiques. Ces micrococcus se colorent le mieux dans un mélange de brun Bismarck et de violet de méthyle, mais

1. *Centralb. f. med. Wiss.*, n° 25, 1883.
2. *Brit. med. Journal*, july 7, 1883.
3. *Centralb. f. med. Wiss.*, n° 41, 1883.

le violet gentiane leur donne aussi une très bonne coloration.

Tout récemment, Friedlænder et Frobenius[1] ont cultivé ces micrococcus dans les mélanges de gélatine et en ont obtenu de bons résultats. Ces micrococcus avaient la forme de clou et étaient caractérisés par une capsule de mucine. Employés à des inoculations dans les poumons de chiens, ils donnèrent quelquefois des résultats positifs. On n'obtint pas de résultat avec les lapins, tandis qu'avec la souris la pneumonie catarrhale et la pleurésie succédaient invariablement à l'inoculation, après vingt-quatre ou quarante-huit heures. L'expérience tentée sur les cochons d'Inde ne fut pas aussi décisive. La moitié des animaux environ guérirent, les autres moururent en présentant de la dyspnée ; le sang, les poumons et les exsudations pleurales contenaient les mêmes micrococcus. D'après mes propres observations je ne puis accepter ces faits sans conteste, car j'ai trouvé que même dans les cas typiques de pneumonie catarrhale chez l'homme, les micrococcus peuvent être absents ou seulement très rares, même entre le troisième et le neuvième jour ; que le crachat typique de la pneumonie catarrhale ne produit pas dans certains cas la maladie chez un animal auquel on l'inocule, et que la maladie produite chez le lapin et la souris est de nature septicémique et est due à un micrococcus spécifique de la septicémie qui ne se présente pas nécessairement toujours dans le crachat et les poumons de l'homme atteint de pneumonie catarrhale.

Si les liquides contenant les micrococcus sont chauffés à 70° C. environ, ils perdent leur propriété nocive et les souris qui en sont inoculées demeurent indemnes.

1. *Berichte. d. physiolog. Gesellschaft in Berlin*, nov. 9, 1883.

Des micrococcus ainsi rendus inoffensifs ne se développent plus sur la gélatine. Friedlænder et Frobenius ont aussi observé que des souris placées dans une boîte et contraintes de respirer une atmosphère saturée de vapeur d'eau au moyen du *spray* et chargée de micro-

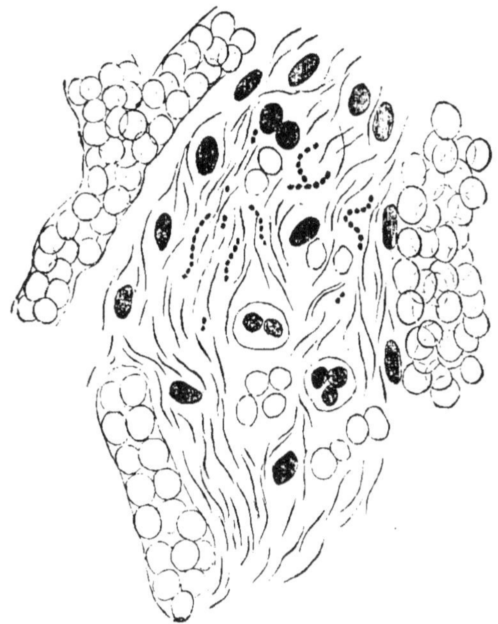

Fig. 21. Coupe d'un poumon humain atteint de pneumonie catarrhale aiguë. L'on y voit trois vaisseaux capillaires remplis de sang, entourant une alvéole qui contient de la fibrine, des globules sanguins et parmi ceux-ci des chaînes de micrococcus.
(Préparation colorée au violet gentiane.)

coccus périssaient en grand nombre, mais pas avant le quatrième ou le cinquième jour.

Bruylants et Verriers[1] affirment avoir cultivé avec succès le micrococcus de la pleuro-pneumonie du bétail.

1. *Bull. de l'Acad. Roy de Belgique,* 1880.

Plus récemment[1] T. Poels et le Dr W. Nolen de Rotterdam ont certifié avoir reconnu que dans la pleuro-pneumonie des bêtes à cornes, les exsudations pulmonaires contiennent des micrococcus qui par leur morphologie et leur mode de développement dans les cultures artificielles sont identiques au micrococcus de la pneumonie humaine et ils affirment de plus que

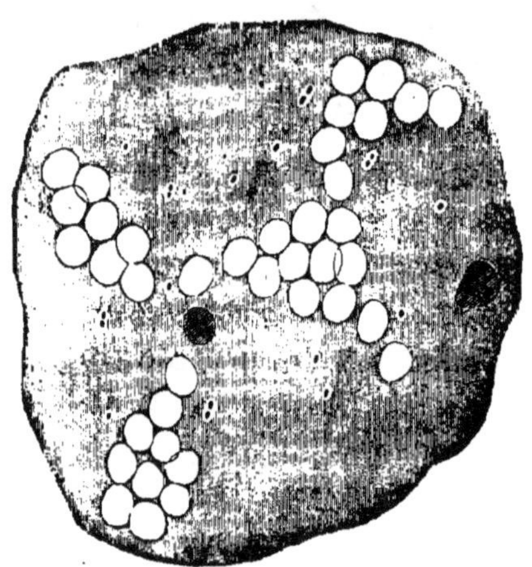

Fig. 22. Préparation du sang d'un lapin mort après inoculation d'un crachat de pneumonie catarrhale aiguë.

Méthode de Weigert et Koch, coloration au violet gentiane. Nombreux globules sanguins, entre eux se trouvent des micrococcus ovales entourés d'une capsule hyaline.

des cultures artificielles de ces micrococcus provenant de la pneumonie humaine ou de la pleuro-pneumonie du bétail produisent chez le bétail la pleuro-pneumonie type.

Mes observations personnelles ne me permettent point d'ajouter entièrement foi à ces faits.

5. *Micrococcus de la gonorrhée.* — Ces micrococcus

1. *Centralb. f. d. med. Wiss.*, n° 9, 1884.

ont été trouvés dans le pus gonorrhéique. Neisser[1] et plus tard Bokai et Finkelstein[2] les décrivent comme des organismes sphériques d'environ 0,008 millim. de diamètre, formant généralement des diplococcus ou des colonies de quatre individus ou sarcines. Quelques-unes de ces sarcines forment des zooglea. Ces micrococcus adhèrent aux globules du pus et aux cellules épithéliales. On les colore facilement par le violet de méthyle

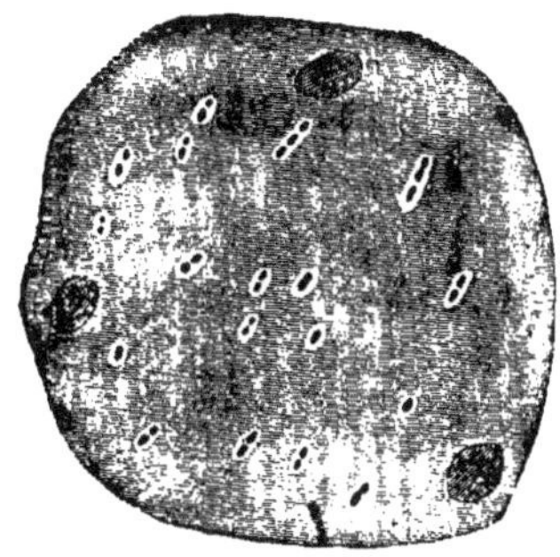

Fig. 23. Préparation d'exsudation pleurale d'une souris morte après inoculation du sang de lapin figuré ci-dessus.

et le violet gentiane. Bockhart[3] a réussi à cultiver artificiellement ces micrococcus et à reproduire la maladie par l'inoculation de ces cultures.

Aufrecht[4] cite le cas d'un enfant de douze jours mort en présentant une suppuration de la veine ombilicale et du foie. Les cellules du foie et le tissu interlobulaire étaient couverts de micrococcus que l'on pouvait nettement voir sur des sections colorées par une solution aqueuse de brun Bismark à 2 p 0/0. Ces micro-

1. *Centralb. f. d. med. Wiss.*, n° 28, 1879.
2. *Prager med. chir. Presse*, may 1880.
3. *Sitzungsberichte der phys. med. Gesellsch in. Wurzburg.* sept. 1882.
4. *Centralb. f. d. med. Wiss.*, n° 16, 1883.

coccus correspondaient, quant à la dimension, à ceux de la gonorrhée et il pense qu'ils venaient probablement du vagin de la mère. Ils auraient pu durant la grossesse passer dans la veine ombilicale, y produire de l'inflammation et passer ensuite dans le foie.

6. *Micrococcus de l'endocardite.* — Ces micrococcus

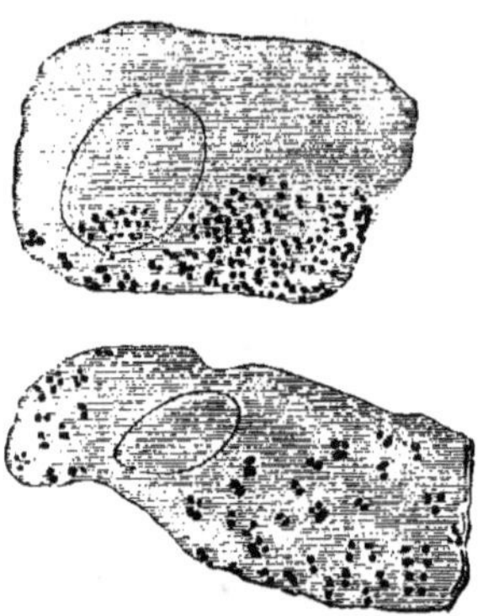

Fig. 24. Deux grandes cellules épithéliales dans le pus gonorrhéique.
Les cellules épithéliales sont couvertes de micrococcus, principalement en haltères, quelques-uns en forme de sarcine.

ont été trouvés à l'état zoogléiforme dans l'endocardite ulcéreuse. Ils forment parfois des masses qui obstruent les vaisseaux sanguins du tissu musculaire du cœur (Heiberg[1], Maier[2], Eberth[3], Kœster[4], Klebs[5]). Heiberg décrit ces micrococcus comme formant des chaines dans les muscles du cœur, dans les produits des ulcérations de l'endocarde, dans les embolies des vaisseaux de la rate et du rein.

1. *Wirchow's Archiv*, vol. LVI.
2. *Ibid.*, vol. LXII.
3. *Ibid.*, vol. LVII.
4. *Ibid.*, vol. LXXII.
5. *Archiv f. exp. path.*, Bd. 9.

7. *Micrococcus de la scarlatine.* — Dans la scarlatine, Coze et Feltz[1] décrivent des micrococcus qui se trouvent dans le sang. Comme je l'ai dit ailleurs, je les ai vus dans les ulcérations du gosier[2] et tout récemment Pohl-Pincus[3], a décrit de très petits micrococcus adhérents aux plaques épidermiques squameuses de la fièvre scarlatine. Ils forment de petites colonies et se colorent en violet avec une solution saturée de violet de méthyle. Leur diamètre est très petit, environ 0,0005 millim. seulement. Les mêmes micrococcus ont été signalés par Pohl-Pincus dans les sécrétions de la gorge.

8. Dans la maladie appelée peste des bœufs, des micrococcus ont été découverts par Klebs dans les ganglions lymphatiques (1872) et par Semmer dans le sang et dans les ganglions lymphatiques (1874 et 1881). En collaboration avec Archangelski[4], Semmer cultiva ces micrococcus, provenant des ganglions lymphatiques d'une brebis morte de la peste par inoculation, dans le bouillon de bœuf, la solution d'extrait de viande, et le mélange de peptone, de bouillon et de gélatine à la température de 37°-39° C. Ces micrococcus se développèrent en abondance en formant des zooglea ou des chaines. On inocula avec ces micrococcus provenant d'une première génération ou culture, un veau qui mourut de la peste en sept jours. Lorsqu'on procède à des cultures successives celles-ci perdent graduellement de leur virulence de la première à la dernière génération mais les animaux (moutons) inoculés avec les cultures ainsi affaiblies sont désormais garantis de la ma-

---

1. *Malad. inf.*, 1872.
2. *Report of the Medical Officer of the privy Council for*, 1876.
3. *Centralb. f. d. med. Wiss.*, n° 36, 1883.
4. Trouvés déjà par Mc. Kendrick, *Brit. med. Journal*, 1872.

ladie. De plus, des cultures exposées pendant une heure à la température de 46°-47° C., s'atténuent beaucoup et garantissent de la maladie les moutons qui en sont vaccinés. Les températures de —10° à —20° détruisent l'activité des microbes de la peste. La nature spécifique de ces micrococcus de la peste des bestiaux ne peut néanmoins être considérée comme aussi bien démontrée que celle des micrococcus ci-dessus mentionnés c'est-à-dire ceux de l'érysipèle et de la gonorrhée.

9. Dans la fièvre puerpérale Heiberg[1] a trouvé des micrococcus en forme de zooglea dans tous les organes affectés. Endocarde, poumon, rate, cornée dans un cas d'ophtalmie puerpérale, et dans le rein où ils formaient des colonies dans les tubes urinifères et des embolies dans les vaisseaux sanguins. Laffler[2] a trouvé des zooglea et des chaines de micrococcus dans deux cas de fièvre puerpérale compliquée de ramollissement cérébral. Dans les deux cas on trouva des embolies causées par les micrococcus dans les environs des parties ramollies du cerveau; l'on a aussi trouvé des embolies de micrococcus dans les vaisseaux du foie.

10. Dans l'*anémie pernicieuse*, Frankenhauser[3] a signalé la présence de micrococcus (?) dans le sang d'une femme enceinte atteinte de cette maladie assez commune à Zürich. Ces micrococcus étaient très grands d'un dixième environ de la largeur d'un globule blanc et quelques-uns étaient munis d'un flagellum (?). Quelques-uns se divisaient en deux. Ils se trouvaient en grande quantité dans le sang du foie. On comprend très difficilement ce que Frankenhauser, veut dire au juste dans sa description. Il conclut également que ces micro-

1. Leipzig, 1873.
2. *Breslauer ærztl. Zeitschrift*, 1880.
3. *Centralb. f. d. med. Wiss.*, n° 4, 1383.

coccus provenaient probablement des dents cariées dont
souffraient tous ses malades.

Eppinger[1] a décrit des micrococcus trouvés dans
l'atrophie jaune aiguë du foie.

11. Dans les syphilides muqueuses de quelques malades, Aufrecht a trouvé un micrococcus formant ordinairement des haltères et se colorant intensément par la
fuchsine[2]. Birch-Hirschfeld a confirmé cette découverte[3].

12. *Micrococcus de l'ostéomyelite infectieuse aiguë.* —
Le Dr Becker, dans le laboratoire du service de santé
impérial de Berlin, a fait une série d'importantes expériences sur les microbes découverts par Schüller et
Rosenbach. Il a recueilli le pus de cinq cas d'ostéomyelite aiguë dans lesquels les abcès n'avaient pas été
ouverts; il a cultivé les micrococcus que contenait ce
pus sur des pommes de terre stérilisées, le serum coa-
gulé et la peptone gelatinée. Dans le dernier cas, le pus
fut introduit avec une aiguille dans la masse qui fut
ensuite laissée à la température de l'appartement pendant trois ou cinq jours. Après ce délai les piqûres
faites au moyen des aiguilles prirent l'apparence de
filets blanchâtres autour desquels la gélatine se lique-
fiait légèrement et prenait une couleur orangée.
Quelques jours après la masse prit une odeur de pâte
de farine aigrie et le microscope révéla la présence d'un
grand nombre de micrococcus semblables à ceux qui
se trouvaient dans le pus. On mélangea une petite
quantité de cette masse avec de l'eau distillée et on
l'injecta dans la cavité péritonéale de quelques animaux. Ils moururent en très peu de temps de péritonite aiguë. Le même liquide injecté dans une veine pro-

1. *Prager Viertely*, 1875.
2. *Centralblatt. fur. med. Wiss.*, n° 13, 1881.
3. *Ibid*, n° 44, 1882.

duisait de la septicémie aiguë et la mort. Dans aucun cas cependant on ne trouva quelque chose d'anormal dans les os. Le Dr Becker injecta ensuite une petite quantité du même liquide dans la veine jugulaire de quinze lapins dont il avait quelques jours auparavant fracturé ou brisé les os de l'un ou l'autre des membres postérieurs. Le jour qui suivit l'injection on put constater de la faiblesse et du manque d'appétit. Mais peu de temps après les symptômes disparurent et les animaux parurent rétablis. A la fin de la première semaine cependant il se forma un gonflement aux endroits fracturés, les animaux maigrirent et moururent en peu de jours. On trouva en les disséquant de vastes abcès autour des os et à leur intérieur et dans quelques cas il s'était formé des abcès métastatiques dans les poumons et dans les reins. En examinant le sang des animaux on y trouva de nombreuses colonies de micrococcus. (*Brit Med. Journal, march* 29, 1884.)

13. Koch [1] a décrit diverses espèces de micrococcus qui se rattachent étroitement à certains processus morbides (pyémiques) de la souris et du lapin (*a*) micrococcus de la nécrose progressive chez la souris. En injectant dans l'oreille d'une souris, souris blanche ou mieux souris des champs, des liquides putrides, il a observé une nécrose des tissus de l'oreille (peau, cartilage) partant du point d'inoculation, s'étendant graduellement dans les parties environnantes et tuant l'animal en trois jours environ. Aussi loin que s'étend la nécrose les tissus sont remplis de micrococcus principalement en forme de chaîne et de zoogléa. Les cellules libres sont sphériques et d'environ 0,0005 mm. de diamètre.

---

1. *Untersuchungen über die Aetiologie d. Wundinfections Krankhaten*, Leipzig, 1878.

Je dois dire que j'ai trouvé plusieurs micrococcus différents possédant une action virulente sur la souris. J'ai inoculé sous la peau de la queue d'un grand nombre de souris blanches un petit micrococcus cultivé pendant plusieurs générations et provenant d'une culture artificielle dans le bouillon de porc due à la contamination accidentelle. Je me suis servi de ces micrococcus à doses infinitésimales pour l'inoculation des

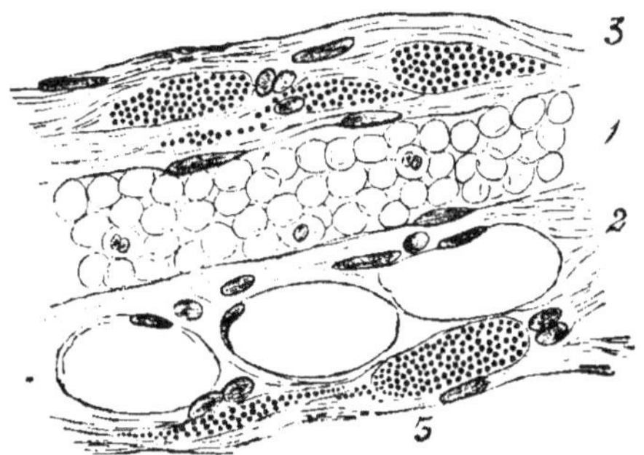

Fig. 25. Coupe à travers la queue d'une souris dans le tissu sous-cutané de laquelle on a injecté des micrococcus cultivés artificiellement.

Le point figuré ici est à une certaine distance du foyer ulcéré.
1. Capillaires sanguins remplis de globules blancs.
2. Globules graisseux.
3. Amas de micrococcus remplissant les espaces lymphatiques du tissu connectif.

souris. Dans deux cas, j'ai vu l'inoculation suivie après deux ou trois jours d'une inflammation purulente au point d'inoculation mais ne dépassant pas ce point au moins en apparence. Seulement peu de temps après parurent des abcès dans les poumons et les animaux moururent en une semaine environ. En faisant à la queue une incision longitudinale, je reconnus que dans la plupart des vaisseaux lymphatiques des tissus cutanés et sous-cutanés, bien loin du point d'inoculation, il y avait des masses épaisses des mêmes micrococcus employés pour l'inoculation. L'on pouvait voir ces amas de micrococcus au foyer de l'inflammation où ils formaient de grandes masses au milieu des produits de l'inflammation. Les abcès des poumons étaient remplis des mêmes micrococcus. Inoculés sous la peau de souris saines, ils occasionnaient de nouveau la mort par pyémie. Ce micrococcus peut donc s'appeler

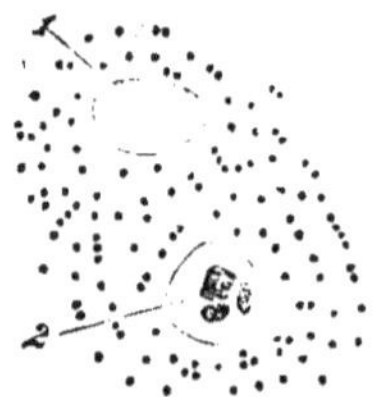

Fig. 26. Membrane pyogénique couvrant la séreuse intestinale d'un lapin mort de pyémie.

1. Grand noyau ovale, probablement le noyau d'une cellule endothéliale squameuse.
2. Globule du pus.
Le reste de la membrane pyogénique est couvert de petits micrococcus.

Fig. 27. Pyémie du lapin.
Sang de la rate. Entre les globules sanguins rouges, l'on voit trois diplococcus et deux micrococcus isolés. (Coloration par le violet gentiane.) Les microbes tels qu'ils sont figurés ci-dessus sont un peu trop grands.

le *micrococcus de la pyémie de la souris*. (*b*) Micrococcus occasionnant des *abcès* chez le lapin. Le sang putréfié injecté dans le tissu sous-cutané des lapins occasionne souvent des abcès qui, en s'étendant, tuent l'animal en douze jours environ. On trouve au milieu de ces abcès des masses cohérentes de zooglea de micrococcus. Le pus en est infectieux, les micrococcus sont sphériques et de très petite dimension, mesurant seulement 0,00015 millim. de diamètre. (*c*) Micrococcus produisant la pyémie chez le lapin. La peau d'une souris fut mise à macérer dans l'eau distillée pendant deux jours et l'on injecta une pleine seringue hypodermiqu e de ce liquide sous la peu de l'arrière-train d'un lapin. Après deux jours l'animal commença à maigrir et mourut après 105 heures. Infiltration purulente s'étendant du point d'inoculation dans le tissu sous-cutané; péritonite, rate fortement gonflée, pneumonie légère. Un e pleine seringue hypodermique du sang de cet animal fut injectée sous la peau d'un second lapin qui mourut en quarante heures. L'autopsie montra les mêmes lésions que dans le premier cas.

Dans les vaisseaux sanguins des organes affectés, il y avait des micrococcus isolés, en haltère et en zoo-

Fig. 28. Micrococcus ovales trouvés dans les vaisseaux sanguins de la rate d'un lapin mort de la septicémie de Koch.

glœa. Ils étaient sphériques et mesuraient 0,00025 millim. de diamètre environ. (*d*) Micrococcus produisant la *septicémie* du lapin. Une infusion de viande fut préparée et abandonnée à la putréfaction. On en injecta une certaine quantité sous la peau de l'arrière-train de deux lapins. Une gangrène progressive avec exsudation œdémateuse abondante s'ensuivit qui détermina la mort en deux jours et demi. Le sang, les capillaires du rein et la rate gonflée contenaient de nombreux micrococcus ovales. Deux gouttes de l'exsudation œdémateuse furent injectées sous la peau du train de derrière d'un autre lapin. Celui-ci mourut en vingt-deux heures. Il ne présentait point de gangrène, mais seulement de l'œdème qui partait du point d'inoculation. L'on constata dans les intestins des hémorrhagies sous-séreuses et d'autres petits épanchements sanguins dans les tissus œdémateux et dans les muscles de la cuisse et du ventre. Le liquide de l'œdème, les veines cutanées, les capillaires du rein, ceux des glomérules surtout, le poumon et la rate, contenaient de nombreux micrococcus ovales, isolés en haltères et en zooglea. Ces micrococcus mesuraient environ 0,0008 — 0,004 millim. dans leur plus long diamètre. Pris dans le sang, il reproduisirent la même maladie chez le lapin et la souris.

14. *Micrococcus du bombyx* (*microzyma bombycis*, Béchamp). — Micrococcus ovales d'environ 0,0015 millim. de longueur se rencontrant en grand nombre isolément, en haltères et en chaines droites ou courbes dans le contenu du tube intestinal et dans le liquide gastrique des vers à soie morts de la maladie des morts-blancs, flacherie. — *Micrococcus ovatus* (*Nosema bombycis*), se trouve en grand nombre dans le sang et les organes, y compris les œufs des vers à soie atteints de la maladie appelée maladie des corpuscules, pébrine, ou maladie de Cornalia. Cet auteur fut le premier à les découvrir. Après lui vinrent Lebert et Nægeli. Pasteur, enfin, prouva complètement que l'inoculation aussi bien que l'ingestion des vers à soie infestés de micrococcus produisaient la maladie. Ces micrococcus sont relativement gros, 0,003 à 0,004 millim. de long sur 0,002 millim. de large. Ils sont très réfringents et se présentent isolés en haltères ou en petites colonies.

CHAPITRE VIII

Bacterium (microbacterium, Cohn).

Sous ce terme, Cohn [1] comprend une classe de petits schizomycètes, un peu allongés ou ovalaires, ou courts et cylindriques avec les extrémités arrondies. Ils se reproduisent par division comme les micrococcus, les individus s'allongeant et s'étranglant ensuite par le milieu. Ils sont doués de mouvement spontané, car ils possèdent à l'une de leurs extrémités un flagellum avec lequel ils exécutent des mouvements rapides de rotation et d'avancement (Dallinger). Engelmann a montré que ces mouvements ne sont possibles qu'en présence de l'oxygène. Les bactéries se rencontrent aussi sous la forme d'haltères au moment où elles se divisent et ont alors l'apparence de baguettes comprimées dans leur milieu. Parfois, après une rapide division, quelques-unes demeurent unies, formant ainsi de courtes chaînes. Dans cet état, les éléments terminaux sont pourvus de cils. De même que les micrococcus, les bactéries peuvent former des zooglea dont la substance gélatineuse interstitielle est en général plus abondante que dans les zooglea de micrococcus. Dans cet état elles forment des pellicules dans lesquelles les individus sont dépourvus de cils. On voit toujours pourtant au

1. *Biologie d. Pflanzen*, II, 1472, p. 167.

bord de la pellicule une zone d'individus en voie de scissiparité, se garnissant d'un flagellum et se mouvant constamment. Chez quelques espéces, les zooglea présentent un aspect rameux, dendriforme (*zooglæa ramigera*, Itzigsohn), comme on peut le voir à la surface des liquides contenant des algues en décomposition.

1. *Bactéries septiques.* — Nous en distinguerons avec Cohn deux espèces. Le *Bacterium termo* et le *Bacterium lineola.*

(*a*). *Bacterium termo.* — Les individus sont courts et cylindriques, d'environ 0,0015 millim. de long, trois

Fig. 29. Bacterium termo d'une culture artificielle.

Fig. 30. Zooglea de bacterium termo.

fois moins larges environ, et se présentent généralement sous forme d'haltère. On les trouve communément dans les liquides putréfiés; ils constituent en réalité la cause essentielle ou le ferment de la putréfaction et sont le véritable ferment saprogène (Cohn). Ils sont revêtus d'une épaisse membrane et flagellés. Ils disparaissent quand cesse la putréfaction. Ces bactéries se développent très bien dans le liquide nutritif de Cohn; je les ai constamment rencontrées dans l'eau distillée non filtrée du laboratoire et cela en assez grande quantité pour qu'avec une goutte de cette eau j'aie toujours pu obtenir un abondant développement de bacterium termo dans le bouillon de porc, l'agar-agar (etc.). Cultivées dans l'étuve à 32°-36° C., dans un milieu nutritif approprié (bouillon de porc, de poule), elles y occasionnent un trouble général et l'on voit paraître après quelques jours un commencement de pellicule, en même temps que le liquide nutritif tout entier s'épaissit. Après quelques jours, cependant, ou quelques semaines, la culture s'éteint, fait qui différencie ces bactéries de toutes les autres. Lorsqu'elles se développent dans l'agar-agar solide et le mélange de peptone, elles en produisent la liquéfaction imparfaite, et de nombreuses bulles de gaz apparaissent dans la masse.

(*b*) *Bacterium lineola* (*Vibrio lineola*, Ehrenberg, Dujardin). — Cette bactérie diffère de la précédente

Fig. 31. Bacterium lineola.

par sa longueur et sa largeur qui sont plus considérables. Les cellules mesurent environ 0,003-0,005 millim. de long sur 0,0015 millim. de large. On les trouve dans les eaux pures ou stagnantes, où il n'y a pas trace de putréfaction. Elles forment des zooglea et des pellicules à la surface des pommes de terre et de diverses infusions.

2. *Bactéries zymogènes*. — On en connaît deux espèces : la bactérie du lait et la bactérie du vinaigre (*Bacterium lactis* et *aceti*).

(*a*) *Bacterium lactis*. — Selon Pasteur, ces bactéries ont environ 0,0015-0,003 millim. de long et sont étranglées par le milieu. Elles forment de courtes chaînes ou même des zooglea et sont douées de mouvement. Elles produisent la fermentation lactique acide pendant laquelle le sucre de lait se transforme en acide lactique.

Elles sont anærobies. Lister[1] a expérimentalement démontré par des cultures pures leur relation avec la fermentation lactique ou l'aigrissement du lait.

(*b*) *Bacterium aceti* (*Mycoderma aceti*). — Un peu plus petite que la bactérie du lait, elle mesure environ 0,0015 millim. de long et forme souvent des chaînes et des pellicules à la surface du liquide. Elle est douée de mouvement. Pasteur y voit la cause de la fermentation acétique. Cohn[2] l'a trouvée en quantités énormes dans la bière qui commençait à aigrir. Elle forme des haltères, rarement des chaînes de quatre individus, et

Fig. 32. Bactéries du lait.

quelquefois une pellicule superficielle. On n'en a pas encore fait de cultures pures et, avant de décider si cette bactérie est bien la cause réelle de la fermentation acétique, il faudrait faire des expériences avec ces cultures, c'est-à-dire des ensemencements dans des liquides alcooliques.

3. *Bactéries chromogènes.* — On en a décrit deux espèces : le *Bacterium xanthinum* et le *Bacterium æruginosum*.

(*a*) *Bacterium xanthinum*[3]. C'est une bactérie d'environ 0,007 à 0,01 millim. de long, mobile, isolée, en haltères ou en chaines courtes. Elle produit la coloration jaune du lait; sa matière colorante est soluble dans

1. *Pathological Soc. Transactions*, 1878.
2. *Biol. d. Pflanzen*, II, p. 173.
3. Schrœter, *Biol. d. Pflanzen*, II, p. 120. *Vibrio synxanthus*, Ehrenberg.

l'eau, insoluble dans l'alcool et l'éther. Introduite dans du lait bouilli et neutre, elle se multiplie avec une grande rapidité. Celui-ci se coagule après vingt-quatre heures, il fourmille bientôt de bactéries et devient alors jaune. La réaction du lait jaune est d'abord acide, mais devient bientôt alcaline et l'alcalinité augmente de plus en plus.

(*b*) *Bacterium æruginosum* [1]. — Schrœter l'a découverte dans le pus vert. Sa matière colorante est verdâtre et n'est pas contenue dans les cellules mêmes ; elle est aisément diffusible.

4. *Bactéries pathogènes.* — On en connaît trois espèces ; la bactérie de la septicémie de Koch, de la septicémie de Davaine et du choléra des poules.

(*a*) *Bacterium septicæmiæ* (Koch). — En injectant à des lapins de l'eau du ruisseau de Pauke contenant de chair de mouton putréfiée, Koch [2] a réussi à produire une septicémie à marche rapide et fatale, caractérisée par les symptômes suivants : Le sang de tous les organes contenait de nombreuses bactéries, la rate et les ganglions lymphatiques étaient gonflés, les poumons congestionnés ; pas d'extravasation ni de péritonite. La plus minime quantité de ce sang introduite sous la peau ou la cornée d'un autre lapin produisait après une incubation de dix à douze jours un accroissement notable de température et la mort après seize à trente heures. Les altérations après la mort étaient les mêmes que précédemment. Partout le sang contenait des bactéries. Celles-ci se présentent sous forme de petits bâtonnets parfois pointus aux deux bouts, mesurant environ 0,0014 millim. de long et 0,0006 millim. de large

---

1. *Loc. cit.*, p. 122.
2. *Mitth. aus d. K. Gesundh*, 1881.

Colorées, elles laissent voir à chaque extrémité une sphère intensément teintée, tandis que la partie médiane reste incolore et elles peuvent, pour cette raison, être facilement confondues avec les diplococcus. Généralement ces bâtonnets sont isolés. Ils s'unissent quelquefois au nombre de deux ou plusieurs pour former une chaine.

On les a cultivés avec succès dans le bouillon de bœuf, le sérum du sang, la gélatine, et dans un mélange de gélatine, de bouillon et de peptone. Les cultures

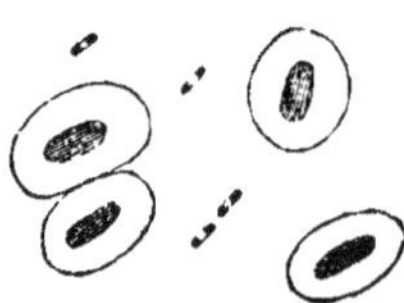

Fig. 33. Sang d'un pigeon mort de septicémie.
Quatre globules sanguins et quatre bacteries.

ont les mêmes propriétés virulentes que le sang dont elles dérivent.

Les souris, les pigeons, les poules et les moineaux sont très sensibles à l'action de cette bactérie, tandis que les cochons d'Inde, les chiens et les rats lui résistent parfaitement.

Le microbe trouvé par Pasteur dans la salive humaine, cultivé par lui et au moyen duquel il a produit la septicémie chez le lapin est peut-être une bactérie identique à celle-ci, mais ce point n'est pas définitivement établi.

(*b*) ***Bactérie de la septicémie de Davaine.*** — Cette bactérie fut trouvée d'abord par Davaine[1] dans du sang de

1. *Bull. de l'Acad. de Médecine*, 1872.

bœuf putréfié en été; injectée à des lapins, elle produisit une septicémie à marche rapide et fatale, de même
nature que dans le cas précédent, le sang se remplissant d'une espèce de bactérie semblable à celle décrite
dans la septicémie de Koch. La plus minime quantité
de ce sang produisait de nouveau une action fatale. La
septicémie de Davaine se distingue de celle de Koch
par ce fait qu'elle est facilement transmissible aux
cochons d'Inde, mais non aux oiseaux.

Dowdeswell[1] a démontré que lorsque le sang était
parfaitement stérilisé, c'est-à-dire lorsqu'on avait tué

Fig. 34. Sang d'un lapin mort de la septicémie de Davaine.

les bactéries, il perdait son pouvoir infectieux. Davaine
le premier a démontré que le sang d'un lapin mort de
cette forme de septicémie supportait une dilution considérable sans que la plus petite quantité de ce sang
perdit son action pathogénique. Dowdeswell fit remarquer que ce fait pouvait s'expliquer aisément par
l'énorme quantité de bactéries présentes dans une
goutte de ce sang. Il a été cependant démontré par
Gaffky et Dowdeswell que, ainsi que le soutenaient
Coze et Feltz[2], le virus ne s'atténue pas lorsqu'on le
fait passer successivement par plusieurs animaux.

(c) *Bactérie du choléra des poules.* — Sommer, Tous·

1. *Proceedings of the Royal Society*, n° 221, 1882.
2. Strasbourg, 1866; Paris, 1872.

saint et Pasteur[1] ont démontré que cet organisme se trouvait en abondance dans le sang et les organes des poules mortes de cette maladie, dont les principaux symptômes sont les suivants. Les animaux sont dans un état de somnolence continuel, ils sont faibles de leurs pattes et de leurs ailes et meurent au milieu des symptômes d'un sommeil profond. Après la mort l'examen fait voir une hémorrhagie dans le duodenum. La plus petite goutte de leur sang communique la maladie. Pasteur a cultivé avec succès cette bactérie dans le bouillon de poulet neutralisé à 25°-35° C., et s'en est servi pour inoculer la fatale maladie. Le microbe est probablement un *bacterium termo* très petit, légèrement étranglé au milieu et ayant ainsi la forme d'un 8. Les cultures de cette bactérie[2] abandonnées à elles-mêmes pendant quelque temps (un, deux, trois mois ou davantage), perdent leur virulence et s'atténuent, ce que Pasteur attribue à l'action de l'oxygène, et cette atténuation de la virulence est en proportion directe du temps pendant lequel la culture a été laissée au repos. Cette atténuation se reconnaît par ce fait, que selon

1. Je place ici ce microbe dans les bactéries, mais il n'est pas bien certain, d'après la description de Pasteur, si ce microbe est seulement un micrococcus en haltère ou un bacterum termo. Voyez aussi Semmer (*Vergleichendi Pathologie,* 1878), Perroncito (*Archiv f. Wiss. u. pract. Thierheilk,* 1879). Toussaint (comptes rendus XCI, p. 301) considère cette maladie comme identique à la septicémie de Davaine. Je serais assez porté à croire que Pasteur ne s'est pas servi de cultures pures, mais bien d'une culture contenant à la fois la bactérie du choléra des poules et un micrococcus accidentel. Ce dernier prédominerait après un certain temps et dépasserait en nombre les bactéries, et c'est bien l'idée que fait naître la description de Pasteur. Il dit que d'abord le microbe est en forme de bâtonnet et que quelques jours après il prend la forme d'haltère ou de micrococcus. L'atténuation graduelle avec le temps des cultures du microbe du choléra des poules faites par Pasteur serait alors produite par la présence du micrococcus étranger.

2. *Trans. of the International Med. Congress. in London,* 1881, vol. I, p. 87.

l'espace de temps, pendant lequel la culture a été abandonnée, le nombre des animaux tués par son inoculation diminue graduellement jusqu'au moment où son action cesse enfin entièrement. Chaque culture de virulence atténuée transmet son atténuation à la culture suivante (?) Il est possible d'obtenir des cultures d'un degré de virulence si peu élevé, qu'en les inoculant sous la peau d'une poule, on arrive à ne produire qu'un effet local, une infiltration particulière. Mais l'animal survit à l'opération et est protégé o u *vacciné* dans la suite contre les agents plus virulents. Pour produire néanmoins cette vaccination, il faut que la culture (vaccine) soit au degré voulu. Si elle ne produit pas d'effet local, elle ne confère pas l'immunité.

Dans les cultures récentes, les bactéries ont plutôt la forme de bâtonnets comprimés au milieu; dans les cultures qui datent de quelques jours, elles prennent la forme de diplococcus. (Voyez la note de la page précédente.)

Babes[1] a trouvé ces bactéries dans les tissus et les vaisseaux sanguins des animaux morts de la maladie soit par suite d'inoculation soit par épizootie. Elles avaient la forme de baguettes d'environ 0,0015 à 0,002 millim. de long et d'environ 0,00025 millim. de large; les extrémités se colorant toujours plus fortement que la partie médiane.

1. *Archives de Physiologie*, juillet 1883, p. 49.

CHAPITRE IX

Bacillus (Desmobacterium, Cohn).

Caractères généraux. — Les bacilles sont des bactéries cylindriques ou en forme de bâtonnets, arrondies ou coupées carrément à leurs extrémités ; elles sont plus longues proportionnellement à leur largeur que le bacterium termo et se divisent par scission en formant des chaines droites, courbées ou en zigzags de deux, quatre six ou plusieurs éléments. Beaucoup d'espèces de bacilles se multiplient dans les milieux nutritifs appropriés par division successive en formant des chaines de bacilles plus ou moins longues, filaments ou *leptothrix*. Ces filaments sont droits ou ondulés et entrelacés, isolés ou en pelotes et, bien qu'à l'état frais ils paraissent homogènes, lorsqu'on les a convenablement préparés par la dessication et les couleurs d'aniline ils se montrent composés d'éléments protoplasmiques en forme de cubes plus ou moins allongés, de cylindres ou de bâtonnets renfermés en série linéaire dans une enveloppe commune hyaline. Entre la plupart de ces éléments se trouve une petite cloison transversale. Les bacilles isolés sont également composés d'une membrane et d'un contenu protoplasmique. Ce dernier parait homogène ou finement granuleux et lorsqu'on colore la préparation par une couleur d'aniline, il absorbe la couleur plus aisément et la retient mieux et plus longtemps que la membrane. Selon le point et la rapidité de leur développement, les bacilles varient beaucoup quant à leur longueur. Cette remarque s'applique non seulement aux bacilles isolés et en chaines courtes mais aussi et au plus haut point aux éléments des bacilles filaments ou leptothrix. L'on peut, en effet, s'assurer que dans chaque cas il se présente toutes les dimensions depuis l'élément cubique ou sphérique jusqu'à l'élément cylindrique ou en bâtonnet. La première forme s'allonge jusqu'à atteindre la forme la plus allongée et se divise ensuite. Selon que la division s'effectue sur un élément court ou sur un élément long, les éléments secondaires sont cubiques ou sphériques, dans le premier cas, cylindiques ou en bâtonnets dans le second. Cette remarque s'applique aux bacilles isolés, aux chaines courtes ou aux leptothrix.

Il existe de nombreuses espèces de bacilles qui diffèrent l'une de l'autre, par la forme des éléments, par leur motilité, par leur faculté de former des leptothrix ou filaments, et particulièrement par la largeur et la longueur de leurs éléments.

1. Il y a quelques espèces de bacilles tels que le bacille de la viande, le bacille de l'anthrax, le bacille du sang putréfié, le bacille trouvé parfois dans les vaisseaux sanguins des animaux morts, le bacille de l'œdème malin (Koch), etc., chez lesquels dans les individus isolés aussi bien que dans les chaines et filaments, la dimension des éléments varie de celle d'une masse cubique ou sphérique de protoplasma à celle d'un cylindre ou bâtonnet parfois aussi long que large. Chez quelques espèces, les bacilles de la tuberculose, par exemple, les éléments sont presque sphériques. Chez d'autres, au contraire, le *bacillus amylabacter*, par exemple, les éléments ont toujours la forme de bâton-

nets ou de cylindres. Quand il s'agit de bacilles courts, il devient quelquefois difficile de dire si l'on a affaire à des bacilles ou à des bactéries, mais la multiplication des bacilles en forme de leptothrix et particulièrement leur propriété de former des spores permettent de décider, bien que dans certains cas particuliers il puisse ne se présenter ni l'une ni l'autre de ces conditions.

Fig. 35. Bacillus subtilis développé dans du bouillon de porc.
1. Les éléments sont épaissis. La préparation a été desséchée et colorée par le pourpre d'aniline.

2. Certains bacilles, comme le bacille de la viande, le bacille ordinaire de la putréfaction, le bacille qui se développe sur la surface des tissus et des matières en putréfaction, les bacilles trouvés dans les organes abdominaux après l'invasion de la putréfaction, sont munis d'un flagellum à une de leurs extrémités et sont par conséquent, doués de mouvement. D'autres espèces (*bacillus anthracis*, bacille de l'œdème malin) n'en possèdent pas. Mais même dans le premier cas, ce pouvoir de locomotion n'appartient qu'aux individus isolés ou en

chaines courtes et non à ceux réunis en longues chaines ou en leptothrix.

3. Tous les bacilles ne sont pas susceptibles de former des filaments ou leptothrix. Certaines espèces possèdent au plus haut point ce caractère, tels sont les bacilles de la viande, du charbon, de l'œdème malin et le bacille trouvé à la surface des muqueuses tapissant la cavité buccale et la langue (*leptothrix buccalis*). D'autres espèces (bacilles amylobacter, bacilles de la tuberculose, de la lèpre) ne forment généralement pas de leptothrix.

4. Il existe la plus grande variété en ce qui concerne la largeur des bacilles, quelques espèces (bacillus amylobacter et quelques espèces de la putréfaction) étant plusieurs fois aussi larges que d'autres, comme le bacille de la viande et le bacille du charbon, etc.

Certains bacilles et filaments de bacilles, comme ceux de la viande et du charbon, dégénèrent en vieillissant ; les éléments protoplasmiques deviennent granuleux et se désagrègent entièrement en débris. Ce fait peut se présenter chez certains éléments d'une chaine ou leptothrix de sorte que la partie correspondante de l'enveloppe de cette chaine reste vide et dépourvue de protoplasma. Des portions plus ou moins longues d'une chaine peuvent aussi dégénérer et perdre leur protoplasma, l'enveloppe hyaline persistant seule. Ces portions s'épaississent en même temps par suite du gonflement de l'enveloppe. Un autre mode de dégénérescence consiste en ce que les éléments et l'enveloppe s'enroulent, se gonflent et se dispersent en débris. Selon Cohn[1], les bacilles ne forment pas de zooglea de la même manière que les micrococcus et les bactéries. Malgré tout le respect dû à l'autorité de Cohn. je dois maintenir que les bacilles

---

1. *Beitrage z. Biologie d. Pflanzen*, vol. II.

pourvus d'un flagellum sont susceptibles de former
une véritable zooglea. Lorsqu'on ensemence un milieu
nutritif liquide, du bouillon par exemple, avec le bacille de la viande ou tout autre bacille mobile de la
putréfaction ordinaire, et qu'on abandonne cette culture
au repos dans l'étuve pendant vingt-quatre heures, on
y remarque un trouble uniforme. Mais après quelques
jours on peut voir la surface du liquide se couvrir d'une
membrane blanchâtre qui, à mesure que s'accentue
l'incubation, s'épaissit et se transforme en une pellicule
épaisse et assez peu friable. En agitant le liquide, la
pellicule se détache des parois du verre et tombe au
fond. Après un jour ou deux, il se forme une nouvelle
pellicule et ainsi de suite jusqu'à épuisement du milieu
nutritif.

En examinant au microscope un fragment de cette
pellicule, on reconnait que c'est une zooglea dans le vrai
sens du mot, de grandes quantités de bacilles plus ou
moins longs se croisant, s'entrelaçant dans une matrice
gélatineuse hyaline. De même que dans la zooglea du
bacterium termo, on remarque parfois au bord de la
masse quelque bacille qui se dégage de lui-même et
se meut librement. Dans le cas des bacilles immobiles
de la putréfaction ou autres, j'ai vu également des for-
mations distinctes de zooglea ayant la forme de masses
rondes ou ovales de diverses dimensions, composées
d'une matière gélatineuse hyaline dans laquelle étaient
englobés les bacilles en pleine voie de multiplication.

Chez les espèces dans lesquelles les bacilles peuvent
former des leptothrix (*leptothrix buccalis*, bacille de la
viande, du charbon) les filaments peuvent former des
pelotons serrés. Quand il se forme des spores dans
ces filaments pelotonnés, que l'enveloppe de ces filaments se gonfle et s'agglutine en substance hyaline et

gélatineuse, les spores semblent former une sorte de zooglea.

Les bacilles sont tués par la dessication; mais il faut bien se persuader que ce procédé ne réussit qu'à la condition de les y soumettre en couches minces. Ils meurent inévitablement à la température de l'eau bouillante, mais il n'en est pas de même de leurs spores. En les chauffant seulement pendant un temps qui varie de une demi-heure à quelques heures à 55°-60° C. on les tue également. Le froid tue les bacilles, mais non leurs spores. L'acide phénique, le sublimé corrosif, le thymol (etc.), les détruisent.

Un des faits les plus frappants du développement des bacilles, c'est leur faculté de former des spores. Celles-ci sont généralement ovales lorsqu'elles sont entièrement développées, sphériques à l'état jeune. Elles ont toujours un éclat brillant et ne retiennent les couleurs d'aniline qu'avec difficulté ou même pas du tout. Leur épaisseur est généralement un peu plus forte que celle du bacille duquel elles proviennent. Leur développement se fait de la façon suivante : dans un des éléments protoplasmiques cubiques, sphériques ou en bâtonnet apparaît un point brillant; celui-ci s'accroît aux dépens du protoplasma jusqu'à ce qu'il ait pris la forme ovale caractéristique de son entier développement. Tout le protoplasma de l'individu n'est pas employé à cette formation, il en reste toujours une petite trace à l'une des deux extrémités. En même temps que le bacille augmente d'épaisseur, son enveloppe s'élargit puis se rompt et la spore devient libre en même temps que le protoplasma restant. Celui-ci ne tarde pas à disparaître s'il ne l'avait déjà fait alors que la spore était encore contenue dans l'enveloppe. Dans les conditions les plus favorables, il peut se former une spore dans chaque masse élémentaire de protoplasma, ou bien il ne s'en forme que dans un petit nombre seulement. Dans le premier cas on trouve dans les bacilles des séries continues de spores; deux si le bacille est composé de deux cellules élémentaires, quatre s'il est formé d'une chaine de quatre éléments, et plusieurs enfin lorsqu'il s'agit de leptothrix. Dans le second cas, un bacille composé de deux ou de quatre cellules élémentaires peut ne contenir qu'une spore à l'une de ses extrémités ou en son milieu, ou bien encore une spore à chaque extré-

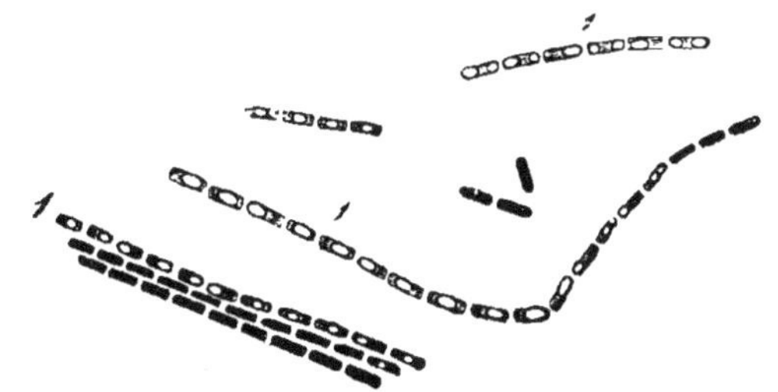

Fig. 36. Le même bacille que dans la figure précédente.
En 1, les spores se sont formées.

mité ou deux au milieu. Dans les leptothrix, les spores ne se trouvent qu'à des intervalles relativement longs. Quant à la position de la spore dans le bacille, elle a généralement lieu de façon que le grand axe de la spore soit parallèle à celui d u baille.

Exceptionnellement cependant leurs grands axes peuvent être obliques ou même transversaux l'un par rapport à l'autre. Les bacilles dans lesquels se fait la formation des spores sont toujours plus épais, deux fois ou davantage, que ceux dans lesquels cette sporulation n'a pas lieu et, comme nous l'avons dit plus haut, la membrane persiste pendant un certain temps sous forme d'une capsule gélatineuse hyaline autour de la spore,

mais tôt ou tard elle disparait à son tour et la spore
devient tout à fait libre. Lorsque la sporulation a lieu
dans un peloton ou dans un amas de leptothrix et que
les capsules des bacilles se sont transformées en une
matrice gélatineuse, l'on croirait voir alors une zooglea
dans laquelle les spores ovales et brillantes seraient
les éléments propres englobés dans une matrice gélatineuse plus ou moins hyaline. Mais dans ces cas mêmes
un examen plus approfondi permet de remarquer que
les spores, par suite de leur développement primitif

Fig. 37. Le même bacille que
dans la figure précédente.

Quelques-unes des spores se transforment en bacilles.

Fig. 38. Bacillus subtilis de l'infusion de viande.

En 1, on voit des spores qui se
transforment en bacilles.

dans les filaments, ont gardé une disposition linéaire
ou en séries.

Cette sporulation se présente dans beaucoup d'espèces
de bacilles et elle ferme le cycle de leur évolution. Mais
on ne la trouve pas dans toutes les circonstances. Chez
beaucoup de bacilles, celui de la viande, du charbon, de
la putréfaction, la sporulation n'a lieu qu'en présence
d'une grande quantité d'oxygène, c'est-à-dire lorsque le
développement s'effectue à la surface du milieu nutritif
(Cohn, Koch). Ce phénomène n'a aucun rapport avec
l'épuisement du milieu de culture, comme semble le
penser Buchner. Car si l'on place les bacilles dans les
conditions favorables pour la sporulation, si en parti-

culier on les expose à l'air, ils commenceront à former des spores bien avant l'épuisement du milieu de culture. Et en voici la preuve :

Prenez un tube de peptone mélangée d'agar-agar préparé pour l'ensemencement comme on l'indique dans un chapitre précédent, ensemencez la surface de l'agaragar avec des bacilles de la viande ou du charbon ; placez ce tube dans l'étuve et abandonnez l'y à la température de 30° à 35° C.; après 36 ou 48 heures la surface sera couverte d'une épaisse couche de bacilles et de leptothrix parmi lesquels la sporulation commencera déjà à se produire avec une grande activité. Quelques jours après le nombre de leptothrix augmente et l'on trouve de grandes quantités de spores dans les filaments. Cela se prolonge pendant quelques semaines, longtemps avant que le milieu de culture ne soit épuisé. Mais pendant tout ce temps la formation des spores est limitée à la surface seulement; les filaments qui se développent dans la masse du stratum demeurent dépourvus de spores. L'on peut faire la même observation dans les tubes contenant des mélanges de gélatine et de peptone ou de gélatine et de bouillon, dans les tubes à essai ou dans les cellules le verre figurées et décrites dans le chapitre v. Il est particulièrement instructif de faire cette expérience sur le mélange de gélatine, car il est alors clairement démontré que le libre accès de l'air est essentiel à la formation des spores; en effet, lorsque le bacille du charbon se développe sur le mélange solide de gélatine et de bouillon donné plus haut et laissé à la température normale de l'appartement ou dans l'étuve chauffée à 22° ou 25° C.; seulement la sporulation à la surface n'a lieu qu'autant que le milieu de culture demeure solide. Mais comme le bacille du charbon liquéfie en se développant le mélange

de gélatine, la couche supérieure de celle-ci se fluidifie
après quelques jours, et les bacilles tombant alors au
fond de la couche liquide, cessent d'être en rapport avec
la surface. Les spores qui s'étaient formées librement
alors que le développement avait lieu à la surface,
germent de nouveau en produisant des bacilles, mais
ceux-ci, naissant dans la masse du milieu, cessent de
former des spores bien qu'ils se multiplient activement
et qu'ils se disposent en filaments.

Les bacilles qui ne sont pas doués de mouvement,
c'est-à-dire ceux qui n'ont pas de flagellum, lorsqu'ils
se développent dans l'intérieur d'un milieu liquide ou
solide, ne forment point en général de spores s'ils n'ont
point la chance de remonter d'une façon accidentelle
vers la surface. Certains de ces bacilles pourtant, bien
que ne se développant pas sur une surface libre, peuvent
former des spores ; tel est, par exemple, le bacillus butyricus ou amylobacter. (Prazmowski.) Quelques bacilles
de la putréfaction, qui se rencontrent après la mort dans
les organes abdominaux (intestin, reins, rate, foie) et
dans les liquides des cavités péritonéales et pleurales,
présentent aussi la sporulation. Ils tirent probablement leur oxygène des tissus. Le bacillus anthracis
néanmoins ne donne jamais de spores s'il n'est bien
exposé à l'air libre.

Les bacilles munis d'un fagellum (bacille de la viande,
de la putréfaction, forment ordinairement une pellicule à la surface, et dans cette pellicule se voit une
abondante formation de spores.

Les spores formées les premières et qui tombent dans
la masse du liquide produisent en germant des bacilles
qui se multiplient. La dernière pellicule formée sur
une culture avant l'épuisement représente la dernière
génération de spores et celles-ci, grâce à l'épuisement

du milieu nutritif, demeurent sous la forme de spores et ne peuvent germer de nouveau que par l'addition de nouveau liquide nutritif ou par leur transport dans un milieu nouveau.

Il est de fait que partout où il se forme des spores, elles germent en donnant des bacilles si elles sont en conctact avec un milieu nutritif, sinon, ou si le milieu est épuisé, elles demeurent sous la forme de spores. La sporulation ne peut s'effectuer à de basses températures. Koch a trouvé que pour le bacillus anthracis une température au-dessous de 12° C. arrêtait la sporulation. Pasteur établit que pour le même bacille la sporulation ne se fait pas au-dessus de 40° C., jamais par exemple à 42° ou 43° C. Koch donne 43° comme la limite maxima, mais j'ai trouvé que les bacilles de la viande et les bacilles de l'anthrax formaient des spores en abondance même à la température de 44° C. L'humidité est un élément essentiel à la sporulation.

Les spores représentent des semences susceptibles de garder leur vie et de se transformer en bacilles même après les influences qui paraîtraient les plus nuisibles à toutes les autres espèces d'organismes et aux bacilles eux-mêmes telles que le temps, la sécheresse, la chaleur, le froid, les agents chimiques, etc. Elles conservent leur pouvoir de germination pendant de longues périodes de temps et l'on n'a pas de raison pour assigner une limite à la durée de leur conservation. Il importe peu qu'elles demeurent à sec ou dans la liqueur-mère.

La température de l'eau bouillante, qui tue les micrococcus, les bactéries et les bacilles eux-mêmes, n'exerce aucune action sur la vitalité des spores. Cohn (*loc. cit.*) a trouvé que les spores de bacille de la viande étaient encore susceptibles de germer après l'ébullition. L'ébullition prolongée pendant une demi-heure ou plus les

tue cependant. Prazmowski a trouvé que cinq minutes
d'ébullition suffisaient pour tuer les spores du bacillus
butyricus. Dans le cas du bacillus anthracis et du
bacille de la viande, j'ai trouvé qu'une demi-heure
d'ébullition les tuait infailliblement, mais que ce résultat
était loin d'être assuré après dix minutes d'ébullution
seulement. En soumettant les spores du bacillus anthracis à la température de 0° à — 15° C. pendant une
heure, on ne les tue pas. Les antiseptiques tels que
l'acide phénique à 5-10 pour 0/0, des solutions concentrées d'acide phényle-propyonique et phényle-acétique,
le sublimé corrosif (1 : 300,000, Koch) ne tuent pas les
spores même après un contact de trente heures.

La térébenthine pure, le phénol (10 p. 0/0), le su-
blimé-corrosif à 1 p. 0/0 ne détruisent pas les spores
du bacille du charbon.

Cette résistance considérable des spores aux hautes
et aux basses températures, aux acides et autres réactifs est due à ce que le contenu de chaque spore est
enveloppé d'une double membrane : une membrane
interne de nature probablement graisseuse et une autre
externe de nature cellulosique; les deux étant mau-
vaises conductrices de la chaleur.

En partant de ce principe que les spores de bacilles
résistent à l'action de l'eau bouillante pendant un laps
de temps inférieur à dix minutes et que les autres bactéries telles que les micrococcus, les bacterium et les
bacilles eux-mêmes, périssent en quelques secondes à
cette température, l'on peut séparer les spores de bacilles de tous les autres organismes. Il n'y a qu'à soumettre le liquide contenant ces divers organismes à la
température de l'eau bouillante pendant quelques secondes. Tout sera détruit à l'exception des spores et le
liquide sera ainsi débarrassé des organismes étrangers.

Lorsque les spores sont placées dans un milieu nutritif liquide ou solide et exposées à une température d'environ 32°-38° C., elles germent en peu d'heures, chacune donnant naissance à un bacille. Cette germination s'effectue dans certains cas en six heures (spores du bacillus anthracis) en deux ou quatre heures (spores du bacille de la viande) dans d'autres cas enfin elle n'a lieu qu'après une incubation de plus de six heures. Lorsque la germination s'effectue sur un milieu nutritif solide, elle demande l'intervention de l'humidité.

La germination s'effectue ainsi qu'il suit : la spore augmente d'épaisseur, elle perd ensuite son contour obscur à l'un de ses pôles ou le long d'un de ses côtés et à ce point apparaît une hernie transparente. Cette hernie s'accroît de plus en plus, devenant peu à peu aussi longue qu'un bacille en même temps que le revêtement de la spore se ratatine. Le nouveau bacille se divise bientôt en deux et la multiplication continue. La présence de l'air n'est pas indispensable à la germination des spores.

CHAPITRE X

Bacilles. — Formes non pathogènes.

Bacilles septiques.

(*a*) *Bacillus subtilis.* — (Bacille de la viande.) Les bâtonnets constitutifs ont des longueurs variables de

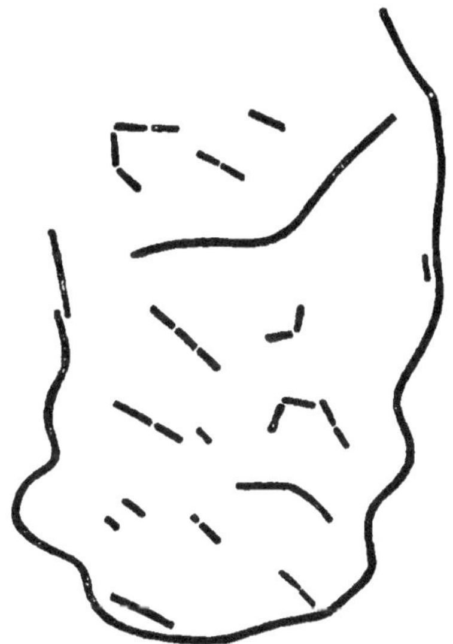

Fig. 39. Culture de bacillus subtilis.
Formes variant du bacille isolé au leptothrix.

0,002 à 0,006 millim. et ont 0,002 millim. de diamètre environ. D'après Cohn, à la température de 21° C., la division en deux demande une heure un quart, elle s'effectue en trente minutes seulement à 35° C. Les bacilles peuvent former des filaments ou leptothrix. Isolés ils sont munis d'un flagellum et parfois de deux; un à chaque extrémité. Après la division, les deux bacilles demeurent unis avec un flagellum à leur extrémité libre. Chacun d'eux se divise de nouveau formant aussi une chaine de quatre éléments. Ils peuvent se séparer de nouveau ou se diviser en restant unis et en formant ainsi des filaments plus ou moins longs.

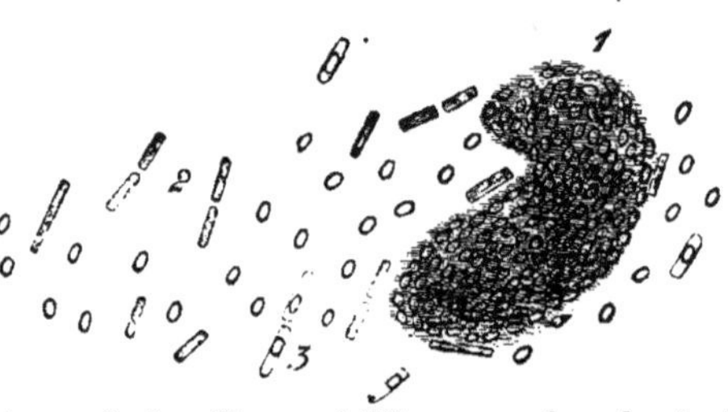

Fig. 40. Culture de bacillus subtilis avec abondante formation de spores.
1. Amas de spores englobées dans une masse hyaline.
2. Bacilles.
3. Bacilles isolés contenant chacun une spore : l'on voit distinctement la membrane de ces bacilles.

Tous les bacilles n'ont pas de flagellum et beaucoup restent à l'état d'immobilité.

Ils forment une pellicule épaisse et résistante à la surface du milieu nutritif, et dans cette pellicule se fait une abondante sporulation. Si le développement s'effectue sur un milieu liquide et qu'on agite celui-ci, la pellicule tombe au fond et il s'en forme une nouvelle.

La sporulation est indépendante de la quantité du milieu nutritif. Les spores sont ovales, brillantes, d'environ 0,001 à 0,002 mill. de long sur 0,006 à 0,001 mill. de large. Elles ne prennent point les matières colorantes et contrastent ainsi fortement avec les bacilles.

Ce bacille est très commun et fort répandu. Il se présente dans presque toutes les matières organiques riches en azote décomposées au contact de l'air. Le milieu qui lui convient le mieux est l'infusion de viande. L'on fait à chaud ou à froid une infusion de viande dans un verre ou dans un ballon. Le liquide est filtré, couvert d'une lame de verre et abandonné au repos dans un lieu chaud. Après un jour ou deux il fourmille de bacillus subtilis appelés aussi bacilles de la viande, pour cette raison que la viande en contient généralement des quantités de spores. C'est pour cela

Fig. 41. Germination des spores en bacilles.
a. Petites spores.
b. Spores plus grosses de bacillus subtilis.

que l'ébullition pendant quelques minutes d'une infusion fraîche ne la stérilise pas.

Le bacillus subtilis se développe très bien dans tous les liquides qui contiennent les sels nécessaires et les composés azotés. Tous les bouillons, tous les liquides animaux (liquide de l'hydrocèle, serum du sang) la gélatine, la solution de peptone constituent donc pour lui un bon milieu de culture.

Les spores du bacille de la viande sont abondamment répandues dans l'air et la plupart des contaminations par l'air les reconnaissent pour cause.

(*b*) *Bacillus ulna.* — Sous ce nom, Cohn désigne certaines espèces de bacilles plus droits et plus épais que le bacillus subtilis. Les individus mesurent environ

0,001 milli. de longueur sur 0,002 milli. de largeur. Ils sont mobiles comme le bacillus subtilis. Bien que formant des chaines ils ne constituent pas à proprement parler des leptothrix. On les trouve dans les liquides putréfiés. Ils sont très communs dans la sérosité produite par une injection d'ammoniaque ou d'autres substances

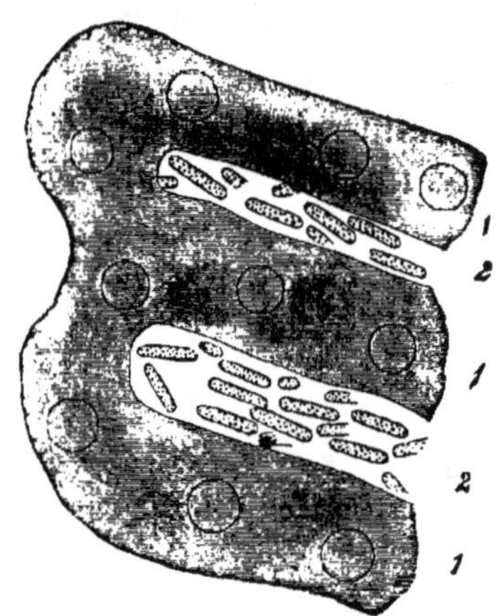

Fig. 42. Bacillus ulna dans les capillaires d'un foie humain.
Altération cadavérique.
1. Cellules du foie, quelque peu gonflées.
2. Bacilles.
Grossissement : 300.

produisant la nécrose du tissu sous-cutané du cochon d'Inde.

(c) *Bacillus septicus*. — Se trouve dans la terre, dans le sang putréfié et dans beaucoup de liqueurs putrides albumineuses. Il est privé de mouvement et forme des leptothrix. Son épaisseur varie de 0,004 à 0,001 mill. et sa longueur dépend du nombre des éléments contenus dans la série. Les plus courts ont environ 0,004 mill. Il en existe différentes variétés qui se distiguent les unes des autres par l'épaisseur des éléments. Ils sont anae-

robies. Les éléments, selon qu'ils sont unis en courts bâtonnets ou en leptothrix, sont cubiques ou arrondis. Les
bâtonnets ou filaments sont notablement arrondis aux
extrémités. La sporulation s'effectue indépendamment
du contact de l'air. Les spores sont ovales et varient
de diamètre suivant celui des bacilles qui leur ont donné
naissance. Ces bacilles se trouvent parfois dans les
vaisseaux sanguins de l'homme ou des animaux après
la mort. Ils n'ont point chance de se multiplier dans
un milieu où vivent des micrococcus, des bacterium
termo ou des bacillus subtilis, et alors même qu'ils
seraient abondants au début, ils ne tardent pas à disparaître.

(d) *Streptothrix* et *Cladothrix*. Cohn[1] a trouvé dans
une concrétion du canal lacrymal de l'homme des filaments allongés, pâles, lisses, d'apparence rameuse,
droits ou contournés. Ces filaments étaient plus fins
que ceux du leptothrix buccalis. Il les appele *Streptothrix Foersteri*. Il est probable que ces filaments sont
morphologiquement identiques à ceux du *Cladothrix dichotoma*. Ce dernier se rencontre dans l'eau
des marais contenant des matières organiques en
décomposition. Il consiste en longs filaments blanchâtres fixés aux algues vertes. Ces filaments paraissent
à l'état frais, lisses, pâles et parfois granuleux ; lorsqu'on
les colore on voit qu'ils se composent de bacilles plus
ou moins longs exactement comme la forme leptothrix
du bacillus subtilis. Parfois les extrémités de ces filaments présentent non pas des séries linéaires de bâtonnets bacillaires, mais des chaines toruliformes d'éléments sphériques comme celles du bacille du charbon
et du bacille du lait bleu. (Voyez plus bas.) L'on voit

1. *Beitr. z. Biol. d. Pflanzen*, vol. I, p. 186.

sortir de ces filaments des bacilles isolés et doués de mouvement. Les filaments ne sont ramifiés qu'en apparence puisque les branches sont des filaments étroitement unis à d'autres filaments et divergeant ensuite à angle aigu. L'on peut voir un bacille s'unir à un fila-

Fig. 43. Streptothrix Foerstieri (d'après Cohn).

Fig. 44. Cladothrix dichotoma (d'après Cohn).

ment et se développer ainsi en formant par divisions successives de longue chaines de bacilles qui constituent une branche contiguë. Quelques-uns de ces filaments sont arrondis et contournés, la plupart d'entre eux cependant sont droits. Zopf[1], prétend avoir observé que les filaments du cladothrix donnent naissance à des micrococcus, à des bactéries, à des bacilles et à des spirilles, et il établit que chacune de ces formes peut

1. *Zur Morphologie der Spaltpflanzen*, Leipzig, 1882; voy. aussi Cienkowski.

de nouveau se développer en formant des filaments de cladothrix. Mais ces observations n'ont pas été faites d'après des méthodes fort exactes.

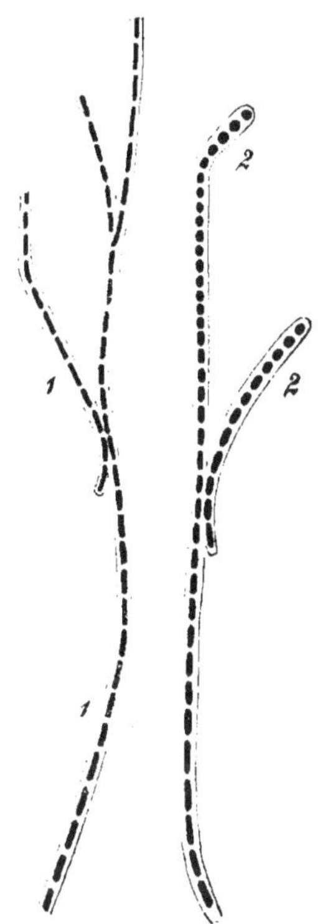

Fig. 45. Filaments dichotomes de cladothrix fortement grossis, colorés par le pourpre de Spiller.
1. Filaments de bacilles.
2. Forme torula.
La membrane d'enveloppe est partout nettement visible.

(*e*) *Beggiatoa*. — Dans les eaux stagnantes et en particulier dans les eaux sulfureuses. Les filaments incolores doués d'un mouvement d'oscillation particulier ont de 0,001 à 0,006 milli. de diamètre, ils contiennent des granules fortement réfringents que Cohn (*Beitræge zur Biol*.

d. Pfl., I, 3) a démontré être composés de soufre. En dissolvant ces granules on reconnaît que chaque filament est cloisonné, étant formé d'une membrane et de cloisons transversales régulièrement espacées, qui donnent au filament l'aspect d'une série d'éléments cylindriques courts. Il existe de nombreuses espèces de Beggiatoa qui diffèrent l'une de l'autre par le diamètre de leurs filaments.

BACILLES ZYMOGÈNES.

Il n'en existe qu'une seule espèce bien définie, qui est le *bacillus butyricus* (*bacillus amylobacter*[1], *clostridum butyricum, ferment butyrique*, Pasteur). Ce bacille a les mêmes caractères morphologiques que le bacillus subtilis en ce qui concerne la longueur et l'épaisseur de ses bâtonnets, la faculté de former des leptothrix et sa motilité. Il est susceptible de former des zooglea et est anaerobie, puisqu'il se développe facilement et forme des spores en grand nombre même quand il n'est pas au contact de l'air. Lorsque les bâtonnets se sont divisés et ont constitué des filaments pendant un certain temps, ils se gonflent, deviennent granuleux et ovales avec leurs extrémités plus ou moins pointues, et il se forme des spores dans leur intérieur. Dans cet état, les bâtonnets ovoïdes ont environ 0,002 à 0,003 mill. de diamètre et les spores ont environ 0,002 à 0,003 mill. de longueur et 0,001 mill. de diamètre.

Dans les solutions d'amidon, de dextrine et de sucre il se forme de l'acide butyrique. La fermentation butyrique du lait et du fromage est due à ce bacille. Il décompose la cellulose, de là sa grande importance dans la diges-

---

1. Prazmowski, Leipzig, 1880 ; Van Tieghem, *Bull. de la Soc. botanique,* vol. XXIV, 1877.

tion des animaux herbivores dans l'estomac et l'intestin desquels il est très abondant. Il se rencontre également en grand nombre dans les substances qui contiennent de l'amidon.

L'iode, en colorant le protoplasma de ce bacille, lui communique une couleur bleue caractéristique. Dans les bâtonnets jeunes cette coloration est bleue, elle est violette dans les bâtonnets plus âgés.

Sous le nom de *dispora caucasica*, E. Kern a décrit. (*Biol. centralblatt*, II. p. 135) un bacille trouvé par lui

Fig. 46. Clostridium butrycum ou bacillus butyricus.
Quelques-uns des éléments en fuseau renferment une spore ovale.

dans le Caucase et qui est employé comme ferment pour produire avec le lait de vache une boisson particulière appelée *kephir* ou *hpypœ*. Ce bacille est semblable au bacillus subtilis, mais on l'en distingue ainsi que de tous les autres bacilles par ce caractère que chaque élément produit deux spores placées à ses deux extrémités, d'où le nom *dispora*. D'après cependant des recherches plus récentes, il paraît que ce bacille est accidentel, la fermentation étant produite par le saccharomyces mycoderma. (Voyez chap. xiv.)

BACILLES CHROMOGÈNES.

(*a*) *Bacillus ruber*[1]. — Ce bacille consiste en petits

1. Cohn, Frank, *Beitræge z. Biol. d. Pflanzen*, vol. III, p. 181.

bâtonnets isolés ou réunis par deux ou par quatre, doués de mouvement. Il a été découvert par Franck sur le riz bouilli. Sa couleur est rouge et contenue dans les bâtonnets eux-mêmes.

(*b*) *Bacillus erythrosporus*. — Bâtonnets mobiles, isolés ou en leptothrix. Il a été trouvé dans des solutions d'extrait de viande et sur l'albumine décomposée.

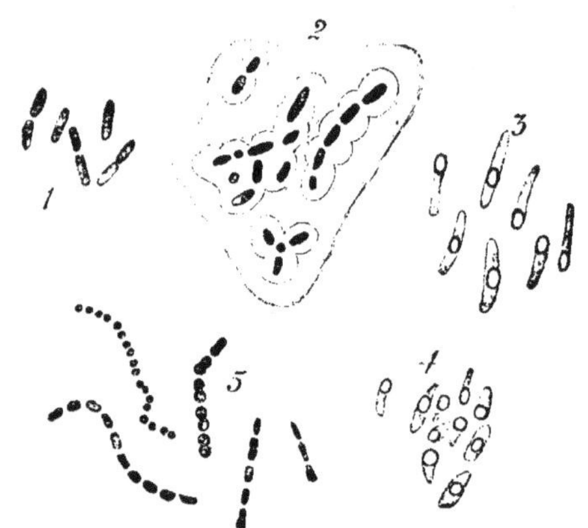

Fig. 47. Bacillus syncyanus (d'après Neelsen).
1. Bacilles types, mobiles.
2. Bâtonnets immobiles entourés d'une capsule gélatineuse.
3 et 4. Bacilles en voie de sporulation.
5. Forme torula des bacilles.

Il forme des pellicules. Dans les bâtonnets se trouvent des spores ovoïdes[1].

(*c*) *Bacillus syncyanus* (Neelsen). — Occasionne la couleur bleue du lait aigri. Il se développe bien dans le lactate d'ammoniaque. Il consiste en bâtonnets mobiles isolés ou en chaînes courtes. Neelsen[2] a vu ces bacilles prendre la forme torula, les éléments cellulaires étant

1. Cohn et Miflet, *Beitr. z. Biol. d. Pflanzen*, vol. III, p. 128.
2. *Beitr. z. Biol. d. Pflanzen*, vol. III, p. 187.

ovales en forme de sablier ou même sphériques (comparez avec le bacillus anthracis, chap. XI). Les bâtonnets peuvent exister aussi sous une forme immobile et sont, dans ce cas, enveloppés d'une épaisse enveloppe gélatineuse hyaline.

Les bâtonnets donnent naissance à des spores ovales, réfringentes. et sont alors gonflés et ovoïdes. Dans le liquide nutritif de Cohn ils forment des leptothrix dans lesquels se présentent çà et là de vastes renflements ovoïdes ou sphériques qui représentent, d'après Neelsen, des gonidies.

CHAPITRE XI

Bacilles. — Formes pathogènes.

Bacilles pathogènes [1].

(*a*) *Bacille de la septicémie de la souris* (Koch). — En inoculant à des souris domestiques ordinaires de très petites quantités de liquide putréfié, Koch a observé que parfois l'un ou l'autre de ces animaux présentait des symptômes de conjonctivite et de sommeil et mourait enfin après quarante ou soixante heures.

Dans ce cas là on trouve un peu d'œdème au point d'inoculation. La rate est grosse; dans les tissus œdématisés et dans les vaisseaux sanguins de toutes dimensions on constate une masse de petits bacilles contenus principalement dans les globules blancs, mais parfois aussi à l'état libre. Ils sont très petits et me-

---

1. Ce qui a été dit plus haut à propos des micrococcus qui se rencontrent dans les blessures et les abcès ouverts s'applique également aux bacilles. L'on trouve souvent en effet des bacilles dans les sécrétions des plaies ouvertes et dans le tissu de la base des ulcères et, à mesure que progresse l'inflammation, les bacilles envahissent le tissu environnant. Pour citer un ordre de cas seulement, dans les ulcérations et dans les inflammations de la muqueuse de l'estomac et de l'intestin on trouve parfois, sur les points enflammés, de grandes quantités de bacilles qui marchent avec l'inflammation. Von Recklinghausen (*Virchow's Archiv*, vol. XXX), Von Wahl (*ibidem*, vol. XLI), ont vu de petits nodules pustuleux de la muqueuse stomacale enflammée remplis de bacilles. Il reste encore à démontrer si la présence de ces bacilles a été la cause première de la maladie ou seulement un symptôme concomittant dû par exemple à la moins grande vitalité des tissus.

surent environ 0,0008 à 0,001 mm. de long sur 0,0001 à 0,0002 mm. de large. On les trouve isolés, réunis deux à deux ou en chaines de quatre ou plusieurs individus. La plus petite goutte de ce sang ainsi infecté tue invariablement avec les mêmes symptômes les souris domestiques et les moineaux, mais n'a pas d'action sur la souris des champs. Les lapins inoculés par ces bacilles à la peau de l'oreille ou à la cornée ne présentent qu'une inflammation locale et les tissus contiennent à

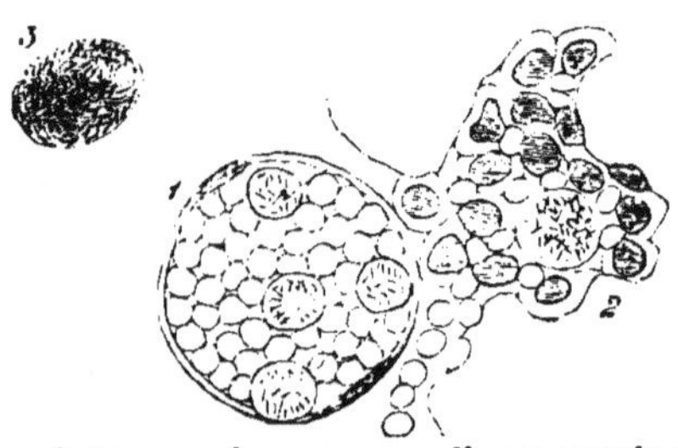

Fig. 48. Coupe à travers le poumon d'une souris morte de la septicémie de Koch.
1. Petit vaisseau rempli de sang ; les globules blancs sont remplis de très petits bacilles.
2. Tissu interalveolaire dans lequel se voit un globule blanc rempli de bacilles.
3. Un globule blanc plus fortement grossi (1000).
Préparation colorée au magenta.

ces endroits enflammés de nombreux bacilles de la même espèce. De plus après cette inoculation et lorsque ses effets se sont dissipés, les animaux sont désormais protégés contre l'action du même bacille. Koch a cultivé artificiellement ces bacilles dans des mélanges d'humeur aqueuse et de gélatine, de gélatine et de peptone (1 p. 0/0), sel (0,6 p. 0/0 Na Cl) et phosphate de soude en quantité justement suffisante pour produire une réaction alcaline. Les bacilles se développent bien dans ce milieu et forment par des divisions rapides et répétées des séries rameuses caractéristiques.

(*b*) *Bacille de la septicémie de l'homme.* — Dans quelques cas de septicémie chez l'homme j'ai trouvé dans les vaisseaux sanguins des ganglions lymphatiques gonflés de grandes quantités de petits bacilles un peu plus épais que ceux que nous venons d'étudier. Ils forment des masses continues dans les capillaires et dans les petites veines, donnant naissance dans quelques cas à une véritable embolie. Ils se présentent isolés ou

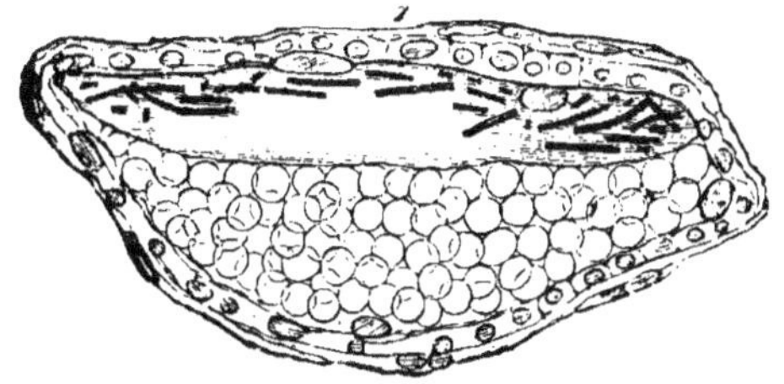

Fig. 49. Coupe à travers l'intestin grèle d'une souris morte de septicémie.

La figure représente une coupe à travers une petite veine remplie de sang du tissu sous-muqueux. En 1, se voit une substance homogène dans laquelle se trouvent des bacilles ; mais ceux-ci sont beaucoup plus grands que ceux de la septicémie de Koch, chez la souris.

Coloration au bleu de méthyle et à la vésuvine.

en chaînes courtes, leur longueur est d'environ 0,001 à 0,0025 mm., leur épaisseur de 0,0003 à 0,0005 mm. Arloing et Chauveau (*British medical Journal*, 12 janvier 1884) ont trouvé dans la septicémie gangreneuse, autour des plaies, des bacilles courts contenant parfois une ou deux spores et qu'ils considèrent comme la vraie cause de la gangrène. A l'état frais, ils sont détruits par une température variant entre 90° et 100° c. Après dessication il faut chauffer jusqu'à 120° pour obtenir le même résultat.

(*c*) *Bacille de la fièvre typhoïde chez l'homme.* —

Klebs [1] décrit dans les plaques de Peyer ulcérées, dans les ganglions mésentériques, le larynx et les poumons de sujets morts de la fièvre typhoïde des bacilles qui on

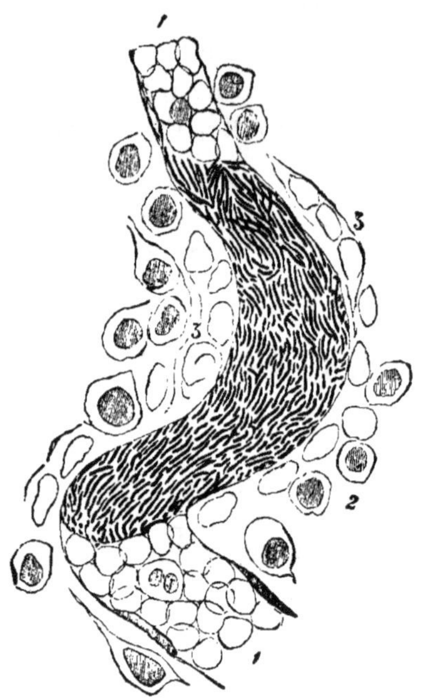

Fig. 50. Coupe à travers un ganglion lymphatique d'un homme mort de septicémie.
1. Vaisseau sanguin distendu en un certain point par de petits bacilles.
2. Corpuscules de la lymphe.
3. Les mêmes, dégénérés.
Coloration au violet gentiane.

environ 0,0002 mm. d'épaisseur, de longueur variable et qui forment des chaines de 0,05 mm. de long à peu près. Ces bacilles donnent naissance à des spores. Ebert a trouvé cinquante fois sur cent chez des sujets

1. *Archiv f. Exp. Path.*, vol. XII.

morts de fièvre typhoïde, dans les ganglions mésentériques et la rate des bacilles particuliers, courts, arrondis aux extrémités et parfois légèrement étranglés au milieu[1]. Quelques-uns contenaient des spores. Ces bacilles se colorent très aisément par le violet de méthyle. Il est cependant douteux qu'ils puissent être considérés comme nécessairement et étroitement liés

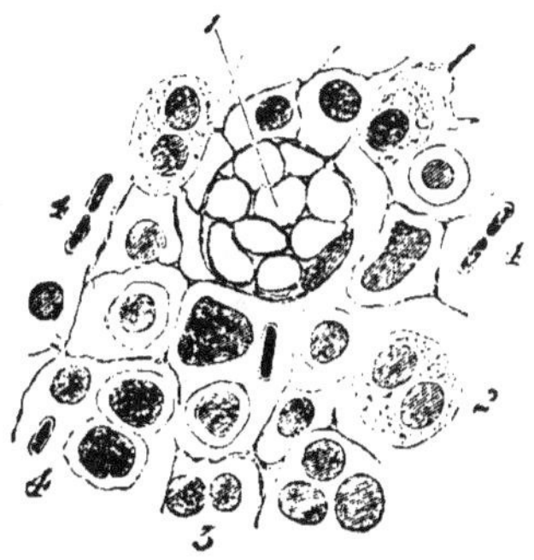

Fig. 51. Coupe de ganglion mésentérique d'un homme mort de la fièvre typhoïde.

1. Capillaire rempli de globules sanguins.
2. Grande cellule lymphatique.
3. Noyaux.
4. Bacilles.

à l'étiologie de la fièvre typhoïde, vu que leur présence n'est pas constante et qu'ils se trouvent seulement dans les ganglions mésentériques et dans la rate, c'est-à-dire dans des points où il peut facilement se produire par les intestins un envahissement des bacilles de la putréfaction ; si nous nous souvenons surtout que dans les cas de fièvre typhoïde à terminaison fatale il se produit toujours une desquamation et une nécrose de la muqueuse des plaques de Peyer. Les

1. *Virchow's Archiv*, vol. LXXXIII, LXXXVII. Voyez aussi : Koch, *Mittheil. a. d. k. Gesundheitsamte*, I, 1881, et Gaffki, *ibid.*, 1882.

intestins dans la fièvre typhoïde contiennent toujours
des masses innombrables de micrococcus en colonies;

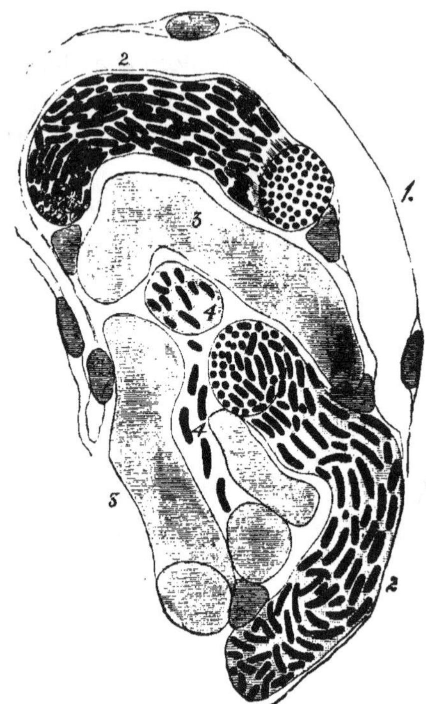

Fig. 52. Coupe à travers le rein d'un sujet mort d'un empoisonnement par de la viande malsaine à Welbeck.

La figure représente une partie d'un glomérule de Malpighi dans
lequel certains capillaires sanguins sont remplis par des bacilles.
    1. Capsule du glomérule de Malpighi.
    2. Capillaires remplis de bacilles.
    3. Capillaires vides.
    4. Bacilles situés entre les capillaires.

ces micrococcus se trouvent non seulement dans le tissu
de la muqueuse intestinale, mais aussi dans les ganglions mésentériques et dans la rate[1].

1. Klien, *Reports of the Medical Officer of the Privy Council*, 1875.

(*d*) **Bacille de la diarrhée cholériforme dans un empoisonnement par la viande.** — En juillet 1880[1] il se
produisit à Welbeck Notts, une épidémie de diarrhée sur
soixante-douze personnes qui avaient mangé des sand-
wiches de bœuf et de jambon achetés à Welbeck à l'occasion d'une vente de provisions et de machines sur les
terres du duc de Portland. L'infection se produisit après
une incubation de douze heures au moins à quarante-
huit heures au plus. Les premiers symptômes étaient une
sensation soudaine de langueur, des nausées, des co-

Fig. 53. Bacilles isolés dans une artériole du même rein que celui
de la figure précédente.
Quelques bacilles contiennent des spores.

liques, dans quelques cas des vertiges et des syncopes et
de la courbature. Venaient ensuite des maux de ventre,
de la diarrhée et des vomissements, le caractère le plus
constant étant cependant la diarrhée. Quatre cas eurent
une terminaison fatale. L'autopsie révéla surtout de
l'entérite et de la pneumonie. Des fragments de reins
examinés en coupes minces permirent de constater que
beaucoup de tubes urinifères contenaient des masses
hyalines; que les capillaires des glomérules de Malpighi
et les artérioles afférentes contenaient de nombreux
bacilles et que certains capillaires étaient di-tendus et
obstrués par des masses de bacilles fortement agrégées.
En février 1881 une épidémie semblable, mais moins

1. Rapport du Dr Ballard dans les *Reports of the Medical Officer
of the Local Government Board*, 1880.

considérable se présenta à Nottingham sur quinze personnes qui avaient mangé du porc cuit. Les symptômes
furent les mêmes que ceux de l'épidémie de Welbeck.
Un cas eut une terminaison fatale. Autopsie : exsudation sanguine dans le péricarde, pneumonie intense,
ganglions mésentériques gonflés, entérite, plaques de
Peyer gonflées. On trouva des bacilles semblables à ceux
du cas précédent dans le sang, dans l'exsudation du
péricarde, dans le liquide sanguinolent remplissant les
cavités alvéolaires du poumon enflammé, dans les vaisseaux du rein, dans la sous-muqueuse des glandes de
Payer, de l'intestin grêle dans l'intérieur et aux abords
des vaisseaux sanguins de la rate.

Ces bacilles ont une longueur variable de 0,003 à
0,009 millim., leur épaisseur est d'environ 0,0013 mill.
Leurs extrémités sont arrondies, ils sont isolés ou en
chaines de deux; quelques-uns contiennent une spore
brillante, ovale, située au milieu ou à une extrémité et
d'environ 0,001 millim. d'épaisseur. Tels étaient les
bacilles des glomerules du rein dans le cas de Welbeck.
Les bacilles contenant des spores étaient plus épais que
les autres.

L'on fit des expériences sur des chiens, des chats,
des lapins, des cochons d'Inde et des souris en leur
faisant ingérer ou en leur inoculant du jambon qui avait
provoqué l'épidémie de Welbech, et ces expériences
donnèrent des résultats positifs. Nous trouvâmes, dans
tous les cas, de la pneumonie, de l'extravasation sanguine dans le foie, dans certains cas de la péritonite et
toujours un gonflement de la rate. Les bacilles trouvés
dans le jambon furent cultivés à l'étuve dans du blanc
d'œuf et inoculés après deux jours de culture à quatre
rats blancs, quelques cochons d'Inde et des souris
blanches. Ces animaux tombèrent malades vingt-deux

heures après. Ils restaient en repos, perdaient l'appétit et étaient plus ou moins somnolents. Après la mort on trouvait la rate gonflée, on constatait dans les poumons de l'hémorrhagie et de l'hypérémie et dans certains cas une pneumonie étendue.

Le sang, l'exsudation du péricarde et le liquide des poumons du sujet mort à Nottingham, inoculés à dix animaux (cochons d'Inde et souris blanches) produisirent six cas suivis de mort. On sacrifia les quatre autres. Dans tous il fut constaté de la pneumonie à forme sévère, dans huit on trouva de la péritonite, dans quatre on trouva aussi de la pleurésie et dans deux on constata de plus un gonflement du foie et de la rate. Il existait des bacilles dans le sang et les exsudations de ces animaux. En soumettant ces liquides à la culture artificielle on obtint une abondante quantité de bacilles qui repétèrent par l'inoculation les mêmes accidents que précédemment[1].

(e) *Bacilles de la malaria*. — Klebs et Tommasi-Crudeli[2], décrivent un bacille trouvé dans le sol de la campagne romaine et cultivé par eux sur gélatine. Les bâtonnets ont environ 0,002 à 0,007 millim. de long. Ils se développent dans les cultures en longs leptothrix composes d'articles courts. Les bâtonnets forment des spores à leur milieu ou à leurs extrémités. Ils se développent bien dans d'autres milieux comme l'albumine, l'urine et la colle forte. Ils ont besoin d'oxygène et sont donc aérobies. Selon Marchiafava[3] on les trouve aussi dans le sang des sujets atteints de malaria. Ces bacilles inoculés à des lapins produisent une excitation fébrile que Klebs et Tommasi-Crudeli considèrent

1. Voy. aussi : Huber, *Archiv f. klin. Med.*, XXV.
2. *Archiv f. exp. Path.*, vol. XI.
3. *Archiv f. exp. Path.*, vol. XIII.

comme l'analogue de la fièvre intermittente de l'homme. Mais les expériences faites par Sternberg avec les cultures provenant du sol des localités paludéennes de l'Amérique ne concordent pas avec celles de ces deux observateurs. L'excitation n'a rien du caractère de la

Fig. 54. Coupe à travers les parties nécrosées et les parties environnantes enflammées de l'oreille d'un lapin inoculé avec les produits morbides de la stomatite ulcéreuse du veau.

1. Partie nécrosée.
2. Partie enflammée.
3. Faisceaux de bacilles.
Coloration au magenta.

fièvre intermittente de l'homme et pourrait être produite par d'autres bacilles que par ceux du sol paludéen.

(*f*) *Bacilles de la stomatite ulcéreuse du veau.* — Dans la *Lancette* de mai 1883. A. Lingard et E. Batt ont décrit des bacilles particuliers qui se rencontrent sur la langue et la muqueuse buccale du veau. « L'ulcère

type dans les cas avancés consiste en une plaie à bords
nets et droits. Une section de l'ulcère fait voir que la
langue est nécrosée à une profondeur considérable.
Toutes les fois que l'ulcère touche un point quelconque

Fig. 55. Coupe à travers la langue d'un veau mort d'une stomatite
ulcéreuse.

1. Fibres musculaires.
2. Tissus enflammés.
3. Faisceaux de bacilles.
Coloration au magenta.

de la bouche ou de la joue, le mal se communique et
s'étend rapidement. Dans quelques cas il est apparu
des modifications nécrosiques semblables dans les poumons. La ligne de jonction des tissus nécrosés et des
tissus sains est occupée par une masse compacte de
bacilles présentant les apparences d'une épaisse phalange qui s'avancerait vers les tissus sains. On a re-

connu que la maladie pouvait se transmettre à des lapins et à des souris par l'inoculation des bacilles en question qui sont aussi virulents et aussi nombreux après quelques générations successives.

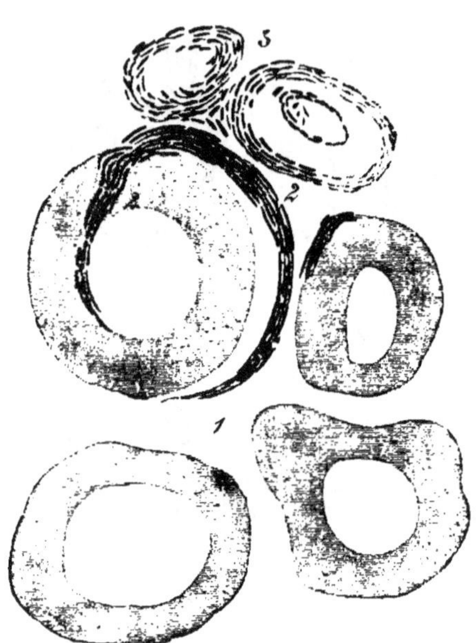

Fig. 56. Coupe du cartilage de l'oreille d'un lapin dans laquelle on a produit des ulcérations par l'inoculation de la matière nécrosée de la langue d'un veau.

1. Capsules cartilagineuses.
2. Faisceaux de bacilles à l'état normal.
3. Faisceaux de bacilles en voie de dégénérescence.
Coloration au magenta.

Cette maladie occasionne souvent la mort des veaux.

L'on a trouvé que la meilleure manière de colorer ces bacilles était la suivante : les coupes faites sur la langue du veau ou sur les tissus inoculés du lapin sont plongées dans un mélange de magenta et de bleu de méthyle, lavées à l'alcool et montées, après éclaircissement par l'essence de girofles, dans le baume dissous. Les bacilles

sont colorés en rouge foncé et le tissu enflammé en
bleu. Les bacilles présentent la forme de faisceaux de
bâtonnets, formant ainsi des amas de leptothrix. Dans
quelques-uns des longs filaments on ne distingue pas
bien les bacilles les uns des autres. Les filaments sont
droits ou légèrement courbés. La longueur des bacilles
isolés varie de 0,004 millim. au moins à 0,008 millim.
au plus. Leur épaisseur est d'environ 0,001 millim. Plusieurs contiennent des spores. Dans l'oreille du lapin ils
envahissent le tissu connectif aussi bien que le cartilage
sur toute la surface et dans tout le voisinage de l'inflammation.

M. Lingard a trouvé les mêmes bacilles affectant la
même disposition dans un cas de noma chez l'homme.

(*g*) *Bacille de la morve.* — En 1882, Schütz et Lëffler [1]
signalèrent la présence de bacilles particuliers dans les
nodules de la muqueuse nasale et des organes internes
tels que le poumon, la rate et le foie de chevaux morts
ou sur le point de mourir de la morve. Les bacilles sont
très petits, de la dimension des bacilles de la tuberculose
à peu près et se mettent en évidence en colorant les tissus
avec une solution aqueuse concentrée de bleu de méthylène et en lavant ensuite avec de l'acide acétique très
dilué. Ces auteurs ont réussi à cultiver artificiellement
ces bacilles à l'étuve à 38° C., sur du sérum solide stérilisé du sang de cheval et de mouton en se servant
pour l'ensemencement des nodules du poumon et de la
rate d'un cheval mort de la morve. Deux jours après
parurent sur la surface du milieu ensemencé les premières traces de développement des microbes sous forme
de petites gouttelettes transparentes consistant unique-
ment en bacilles caractéristiques. En cultivant ceux-ci

____

1. *Deutsche Med. Wochenschrift.* 52, 1882.

pendant plusieurs générations et en les inoculant à des
chevaux, des lapins, des cochons d'Inde et des souris,
on obtint des résultats positifs, particulièrement sur
le cochon d'Inde qui parut très sujet à la maladie.
Au point où se fit l'inoculation sous-cutanée, parut un
ulcère à base indurée grandissant et s'étendant rapidement. D'autres ulcères parurent bientôt aux environs
du premier, les ganglions lymphatiques voisins se gon-

Fig. 57. Pus de l'abcès pulmonaire d'un cheval mort de la morve.
1. Noyaux des cellules du pus.
2. Bacilles de la morve.
Coloration au bleu de méthylène.

flèrent et l'infection générale se manifesta bientôt sous
forme de nodules et d'ulcères sur la cloison du nez et
de nodules dans les organes internes. Chez le cochon
d'Inde on observa souvent une tumeur caractéristique
de l'ovaire et de la vulve. Dans tous les cas, les tissus
morts et les organes contenaient les bacilles caractéristiques [1].

(h) *Bacille de la peste du porc* (*typhus charbonneux
du porc*). — Dans un rapport à la commission médicale
du *Local Government Board* pour 1877-78, j'ai démon-

---

1. D'autres auteurs ont écrit sur le bacille de la morve : ce sont
les docteurs Bouchard, Capitan, Charvin dans la *Revue médicale
française*, décembre 1882; N.-P. Wassilieff, dans le *Deutsche med.
Woch.*, II, 1863, signale le bacille dans la morve de l'homme.

tré que dans cette maladie infectieuse aiguë, les organes
affectés contenaient une forme de bacteries morphologiquement identiques au bacillus subtilis et consistant
en bâtonnets mobiles plus ou moins longs, susceptibles
de former des spores. J'ai prouvé de plus que les cultures artificielles de ces bacilles occasionnaient par leur
inoculation la maladie chez le porc et enfin que des souris et des lapins la contractaient également lorsqu'on leur

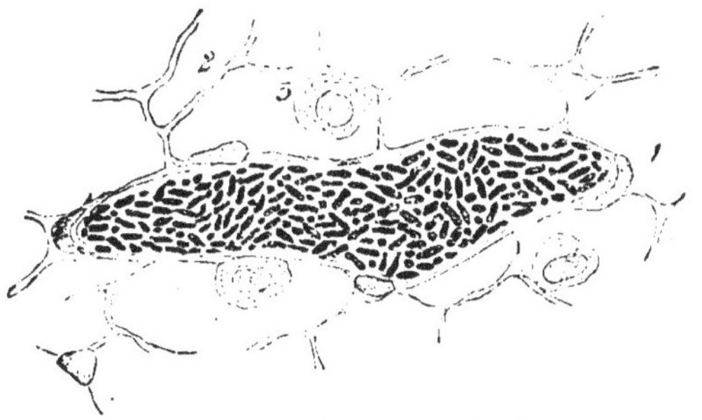

Fig. 58. Coupe à travers le ganglion lymphatique inguinal d'un porc
mort de la peste.
1. Capillaire rempli de bacilles.
2. Reticulum de tissu adenoïde.
3. Cellule lymphatique.
Coloration au pourpre de Spiller.

inoculait des matières provenant des organes d'un porc
malade ou de cultures artificielles. L'année passée, Pasteur prétendit avoir cultivé, provenant du sang d'un porc
affecté de la maladie, un microbe qui n'est point un bacille mais bien un micrococcus en haltère. Il dit avoir
produit par ces cultures une maladie mortelle chez les
pigeons et les lapins et avoir occasionné aussi la peste
chez le porc. J'ai pu démontrer par de nouvelles expériences que Pasteur se trompait sur tous ces points. D'a-
bord j'ai prouvé que les pigeons sont absolument réfractaires à la maladie puisque des inoculations des ma-

tières provenant directement des organes affectés du porc mort de la peste et manifestement susceptibles de produire la maladie chez le porc, la souris et le lapin, sont absolument inoffensives pour le pigeon. De même des cultures de la vraie bactérie de la peste du porc ne produisent aucun effet sur le pigeon. Selon le dire de Pasteur, les pigeons inoculés par les cultures du micrococcus en haltères mouraient en présentant des

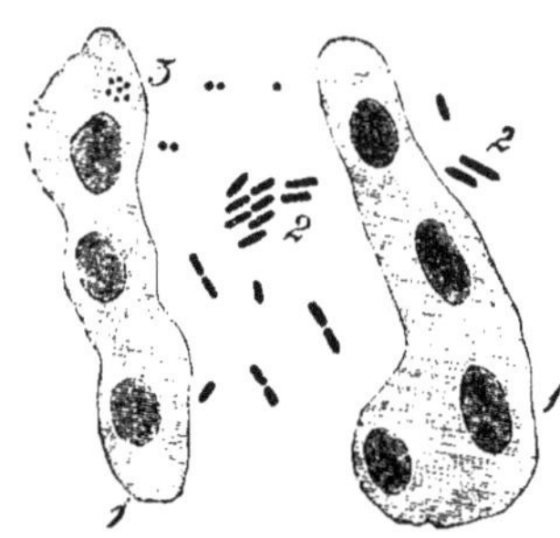

Fig. 59. Préparation du mucus des bronches d'un porc mort de la peste.
1. Cellules épithéliales détachées des alvéoles.
2. Bacilles.
3. Micrococcus.
Coloration au poupre de Spiller.

symptômes et des lésions anatomiques presque identiques à ceux de la forme de septicémie connue sous le nom de choléra des poules. La conclusion est forcée par ce fait que les cultures de Pasteur étaient contaminées par l'organisme de cette septicémie ou ne contenaient que cet organisme. Les lapins sont probablement aussi morts de la même maladie, car ces animaux sont fort sujets à la septicémie.

En examinant les tissus des porcs morts de la peste et en colorant ces tissus par les couleurs d'aniline en usage aujourd'hui, j'ai reconnu que tous les organes affectés (poumons, intestins, ganglions lymphatiques inguinaux et bronchiaux) contenaient les bacilles caractéristiques qui remplissaient et obstruaient surtout les capillaires sanguins. Il en était de même des organes des souris et des lapins (rate, foie, poumon) morts de la maladie.

Les cultures artificielles faites dans le bouillon et le liquide de l'hydrocèle avec les organes affectés du

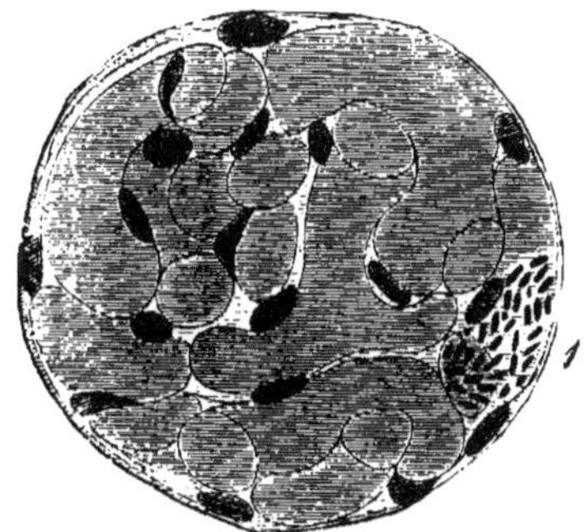

Fig. 60. Coupe à travers le rein d'un lapin mort de la peste du porc montrant un glomérule de Malpighi dont les capillaires sont transformés en cylindres hyalins pleins.
1. Bacilles.
Coloration au pourpre de Spiller.

porc, de la souris et du lapin, après une incubation de vingt-quatre heures à une température variant entre 30 et 42° C., contenaient les bâtonnets ci-dessus ; ceux-ci pullulaient dans le milieu nutritif, étaient tous plus ou moins courts d'environ 0,002 à 0,003 millim. et doués d'un mouvement très actif analogue à celui que l'on connaît au bactérium termo septique et au bacillus subtilis. Pendant les jours suivants, tandis que les bâtonnets se multipliaient, plusieurs d'entre eux perdaient leur mouvement, s'accroissaient en longueur jusqu'à présenter 0,005 millim. et plus, et il paraissait dans quelques-uns des plus longs éléments des spores brillantes à une ou deux de leurs extrémités et quelquefois au milieu.

L'on peut avec ces cultures en effectuer de nouvelles et faire traverser ainsi aux microbes plusieurs générations, toutes les cultures se conduisent de la même manière et dans toutes on trouve des bâtonnets qui

Fig. 61. Sang de la rate fraîche d'une souris morte de la peste du porc.

1. Globules sanguins.
2. Gros noyau.
3. Groupes de petits bacilles.
4. Grands bacilles.
5. Bacilles en haltères.
Coloration au violet gentiane.

montrent exactement les mêmes changements que ceux de la première culture.

La plus petite goutte de ces cultures occasionne la maladie chez le porc, la souris et le lapin. Les souris et les lapins meurent avec les mêmes symptômes et les mêmes lésions anatomiques que lorsqu'on les injecte avec les matériaux provenant directement des organes affectés du porc mort de la peste. Ces animaux meurent ordinairement le cinquième, le sixième ou le septième jour, et l'autopsie montre chez eux un gonflement caractéristique de la rate, un état morbide particulier du foie (nécrose coagulante) et une inflammation des poumons.

En ensemençant un milieu nutritif approprié et stérile avec la rate, le foie ou le poumon des animaux morts de la maladie, on obtient toujours un abondant développement des bacilles caractéristiques exactement

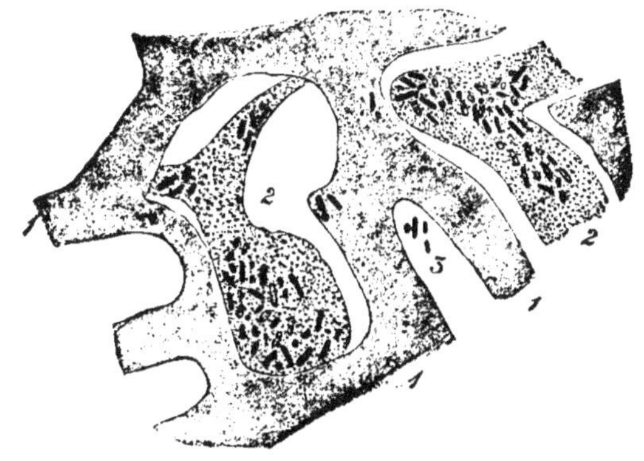

Fig. 62. Coupe à travers un infarctus du foie d'une souris morte de la peste du porc.
1. Tractus de cellules du foie contractées.
2. Capillaires remplis de très petits micrococcus parmi lesquels se voient des bacilles.
3. Bacilles isolés.
Coloration ou pourpre de Spiller et au magenta.

comme dans les cultures faites avec le poumon et les ganglions bronchiques des porcs morts de la peste. Avec le sang du porc, pourtant, la culture ne réussit pas d'habitude; il en est de même avec celui de la souris, mais cet insuccès n'est pas constant et peut ne pas toujours avoir lieu.

J'ai reconnu tout récemment que des porcs inoculés avec des cultures de ces bâtonnets provenant du porc, de la souris ou du lapin morts de la peste, ou avec les organes affectés d'une souris ou du lapin, contractaient

une forme modérée de la maladie qui disparaissait
complètement après une ou deux semaines. On inocula
une troisième fois ces mêmes porcs avec le suc frais
des poumons d'un porc mort de la peste, et ils recou-
vrèrent la santé après quelques jours ou une semaine de
maladie. Si avec les mêmes matériaux, on inocule des
porcs sains et non vaccinés, ils meurent en général
sous l'action d'une forme grave de la maladie. Mais les
porcs inoculés dont je viens de parler furent protégés

Fig. 63. Bacilles de la peste du
porc provenant d'une culture
artificielle, après quarante-huit
heures d'incubation.

Préparation desséchée et colorée
au pourpre de Spiller.

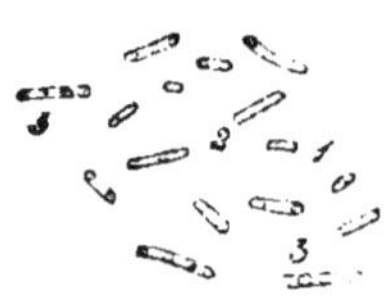

Fig. 64. Bacilles de la peste du
porc provenant d'une culture
artificielle datant de six jours.

1 et 2. Bacilles.
3. Bacilles dans lesquels ont
paru des spores.
Préparation fraîche.

non contre une nouvelle attaque de la maladie, mais
contre son action fatale.

(*i*) *Bacille de la lèpre.* — Armauer Hansen fut le
premier à constater[1] l'existence d'un grand nombre de
petits bacilles dans les grandes cellules lépreuses de
Wirchow, qui se rencontrent dans les tubercules des
lépreux. Neisser a confirmé cette découverte et a beaucoup contribué à la connaissance de ces bacilles en
montrant qu'ils peuvent se colorer facilement par la
fuchsine ou les solutions acides d'éosine hématoxy-
lique d'Erlich. Ces bacilles sont de petits bâtonnets

---

1. *Virchow's Archic*, vol. LXXIX et *Quart. Journ. of Micr. Sci.*,
1880.

d'environ 0,004 à 0,006, mill. de long et de moins de 0,001 d'épaisseur. Ils sont pointus à leurs extrémités et se présentent toujours en masses dans les grandes cellules lépreuses des tubercules de la lèpre de la peau et des organes internes. On les trouve aussi dans les

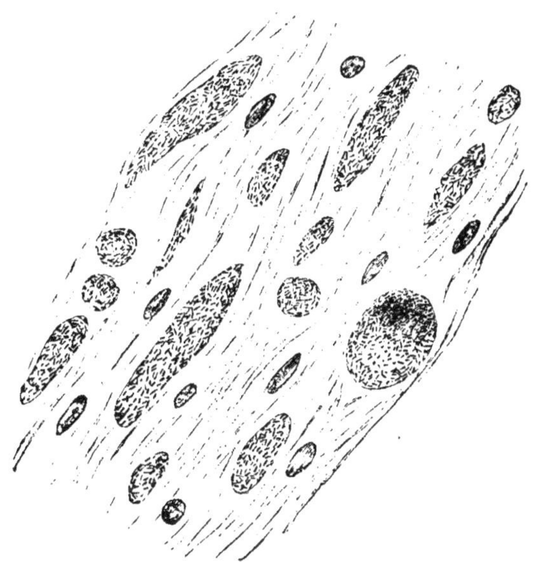

Fig. 65. Coupe du larynx d'un sujet mort de la lèpre.
Grandes cellules dans le tissu connectif fibreux ; les cellules sont remplies de bacilles de la lèpre.
Grossissement : 600. Coloration au magenta et à la vésuvine.

tissus interstitiels des branches nerveuses dans la variété anesthétique de cette maladie[1]. Certains de ces bacilles sont mobiles. Quelques-uns sont munis de spores ovales et brillantes, d'autres sont plus ou moins moniliformes, par suite de l'agrégation locale du protoplasma dans leur membrane. Neisser et Armauer Han-

1. Voyez aussi Cornil, *Union médicale*, 1881, n°s 178, 179 et Babes, *Arch. de Physiologie*, juillet 1883.

sen les ont cultivés artificiellement dans le sérum du
sang et dans les solutions d'extrait de viande. Neisser .
a aussi démontré que les cellules lépreuses caractéristiques ne sont que des cellules détachées, modifiées par
le développement et la multiplication des bacilles dans
leur intérieur. Les bacilles ne se trouvent pas dans le

Fig. 66. Bacilles de la préparation ci-dessus.
Plus fortement grossis : 1000.

sang. mais se répandent probablement par les lymphatiques.

Jusqu'ici les inoculations sur des animaux domes-

Fig. 67. Cellules des nodules de la lèpre chez l'homme, remplies
de bacilles de la lèpre (d'après Neisser).

tiques et sur des singes n'ont pas réussi[1]. Damsch[2], prétend cependant avoir pu, par l'inoculation d'un tissu
lépreux dans la cavité péritonéale et sous la peau,
produire une maladie particulière et un développement
de bacilles chez le chat. Des préparations de nodules
lépreux du larynx et de la peau faites par mon ami
M. A. Lingard et colorées par la solution de magenta et

1. Kœbner, *Virchow's Archiv*, vol. LXXXVIII; Hausen, *ibidem*,
vol. XC.
2. *Virchow's Archiv*, vol. XCII.

de vésuvine de Weigert montrent les bacilles de la
lèpre remplissant complètement toutes les cellules

Fig. 68. Culture artificielle du bacille de la lèpre (d'après Neisser).

petites et grandes, sphériques et allongées contenues
entre les travées de tissu connectif.

Fig. 69. Coupe à travers un nodule du foie du nandou.
1. Cellules de diverses grandeurs remplies de petits bacilles.
   Par suite de la petitesse excessive de ces bacilles, de leur
   développement dans les cellules et du faible grossissement employé (300), les bacilles paraissent comme des
   points.
   Coloration à la fuschine et au bleu de méthyle.

Dans une coupe du foie d'un oiseau (nandou) mort
au jardin zoologique de Londres, préparée par le
Dr Gibbes d'après sa méthode de coloration des bacilles

de la tuberculose, l'on voyait de vastes amas de grandes et petites masses roses visibles à l'œil nu et de dimensions variant de celles d'une pointe d'épingle à celle d'un grain de millet et davantage. En examinant ces masses roses au microscope, l'on vit qu'elles étaient formées de cellules de diverses grandeurs remplies d'un grand nombre de bacilles qui, sous un fort grossissement, parurent plus petits que ceux de la tuberculose. Ils donnaient pourtant les mêmes réactions. L'on pouvait voir çà et là des cellules isolées de grandeurs variables remplies de bacilles. Dans les

Fig. 70. Deux cellules de nodules de la lèpre (?) chez un oiseau (nandou). La substance cellulaire est remplie de petits bacilles semblables à ceux de la lèpre.
Coloration au magenta.

grandes cellules les bords devenaient invisibles et, dans quelques-unes, la substance cellulaire se dissolvait, les bacilles devenant alors libres. Si l'on considère la dimension, la distribution et le caractère de ces bacilles, l'on voit qu'il existe une remarquable similitude entre les nodules de la lèpre et les nodules que nous venons d'étudier.

(j) *Bacille de l'œdème malin* (Koch), *vibrion septique* (Pasteur). — En inoculant sous la peau des souris, des lapins et surtout des cochons d'Inde une quantité relativement grande de terre ou d'un liquide putride, on occasionne parfois leur mort en vingt-quatre ou quarante-huit heures. Cette forme de septicémie est aussi appelée « septicémie de Pasteur » et diffère naturellement de celle de Davaine[1]. Au point de l'inoculation et se répandant avec elle dans le tissu sous-cutané des parties environnantes, l'on trouve de la décoloration et

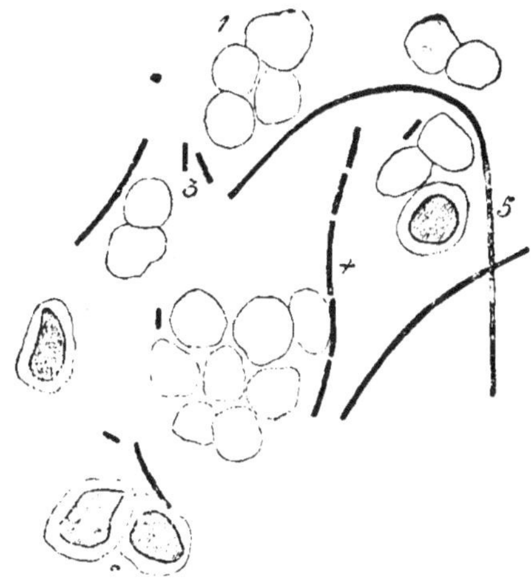

Fig. 71. Sang d'un cochon d'Inde mort de l'œdème malin de Koch.
1. Globules rouges du sang.
2. Corpuscules blancs.
3. Bacilles isolés.
4. Chaînes de bacilles allongés.
5. Leptothrix.
Coloration au violet gentiane.

parfois de l'hémorragie. Un liquide trouble et fétide remplit les lacunes du tissu sous-cutané et l'on y trouve de grandes quantités de bacilles mobiles ou non. Les poumons sont hyperémiés et présentent de petits points

1. Rosenberger (*Centralblatt. f. d. Med. Wiss.*, 4, 1883) prétend que le sang et les exsudations liquides du lapin mort des septicémies de Davaine et de Pasteur peuvent être stérilisés réellement par la chaleur sans perdre leur action spécifique, et que par l'injection dans les animaux sains ils reproduisent la maladie avec la réapparition des organismes spécifiques de la maladie. Dowdeswell nie cependant le fait (*Proceedings of the Royal Society*, 221, 1882), car par la stérilisation convenablement effectuée par la chaleur, les organismes périssent et le liquide devient inoffensif.

hémorragiques. La rate est invariablement gonflée et l'on trouve souvent de petits points hémorragiques sur le péritoine des organes abdominaux ; l'on trouve aussi quelques exsudations péritonéales. Le sang de la rate, du foie, du poumon et des intestins, la sérosité des organes abdominaux et les exsudations péritonéales contiennent les mêmes bacilles que l'exsudation sous-cutanée. Plusieurs d'entre eux contiennent des spores. Lorsqu'on injecte les bacilles dans la cavité péritonéale du cochon d'Inde, la mort survient rapidement surtout après des cultures de deux ou plusieurs générations, si rapidement même que les animaux meurent souvent en seize heures. (Burdon Sanderson et Klein.) Dans tous les cas on trouve dans la cavité péritonéale une exsudation visqueuse, transparente, légèrement mais spontanément coagulable, et le péritoine de tous les organes est excessivement enflammé. L'on y trouve des bacilles en grand nombre, plusieurs contenant des spores. Le sang du cœur ne contient pas de bacilles immédiatement après la mort, mais en présente quelques heures après.

Les bacilles en question ont environ 0,003 à 0,005 mill. de long et un plus de 0,001 millim. d'épaisseur. Ils sont arrondis à leurs extrémités et forment des chaines de deux ou plusieurs individus. Ces chaines sont droites ou courbées. Ils forment aussi des leptothrix droits ou plus communément courbes. Ces bacilles ont été cultivés artificiellement par Pasteur[1], dans le sérum du sang et dans la solution neutre d'extrait de viande de Liébig. Gaffky[2] les a cultivés sur des pommes de terre, à 38° C. La culture artificielle peut produire l'œdème

---

1. *Bull. de l'Acad.*, 1877.
2. *Mittheil. a. d. k. Gesundh.*, 1880.

malin, mais il est nécessaire d'en injecter une assez grande quantité. Les bacilles développés dans les liquides hors du corps ou à son intérieur forment des spores sans le secours de l'air et sont pour cette raison anaérobies (Pasteur).

Dans les fèces de l'homme se trouvent toujours d'innombrables masses de bactéries — microccus isolés et en haltères, en amas de zooglea, bactérium termo et diverses espèces de bacilles variant de largeur, de longueur et de motilité; les unes étant immobiles et les autres mobiles. Bienstok (*Centralbl., f. méd. Wiss.* 1883. p. 949), a découvert que l'on pouvait cultiver un bacille provenant des fèces de l'homme et présentant en tous points les caractères du bacille de l'œdème malin. Il occasionne la mort de la souris, mais sans provoquer les symptômes de l'œdème malin.

Le professeur Rossbach a prétendu (*Centralbl., f. d. méd. Wiss.*, 5, 1882,) que lorsqu'une solution de papaïne (extrait du suc du *carica papaya*) est injectée dans les veines d'un lapin, l'animal meurt et que peu après la mort — qui peut survenir cinquante minutes après l'injection - l'on trouve dans le sang de grandes quantités de bactéries. Dawdeswell, établit néamoins (*Practitioner*, mai 1883), que les solutions de papaïne contiennent en général les spores d'un bacille mobile qui ressemble en tous points au bacillus subtilis. Dans les cultures artificielles de papaïne à 10 p. 0/0, dans le sérum du sang et dans le bouillon, ces spores donnent naissance à des bacilles qui forment des leptothrix et présentent eux-mêmes d'autres spores. Les solutions filtrées de papaïne, injectées dans le sang des lapins, les tuent aussi bien que les solutions non filtrées, mais ni pendant la vie, ni après la mort des animaux on ne peut découvrir d'organisme dans le sang. Il paraît résulter de ces expériences que les solutions de papaïne contiennent des spores et que ces spores sont celles d'un bacillus subtilis qui ne possède aucune propriété pathogénique spéciale.

(*k*) *Bacille du charbon symptomatique* (Arloing, Cornevin et Thomas, *Bul. de l'Acad.*), — *All. Rauschbrand, Angl. black leg, quarter evil.* — Cette maladie, qui n'est pas rare chez le bétail, est très infectieuse. Elle est caractérisée par une effusion de sang « une tumeur » qui

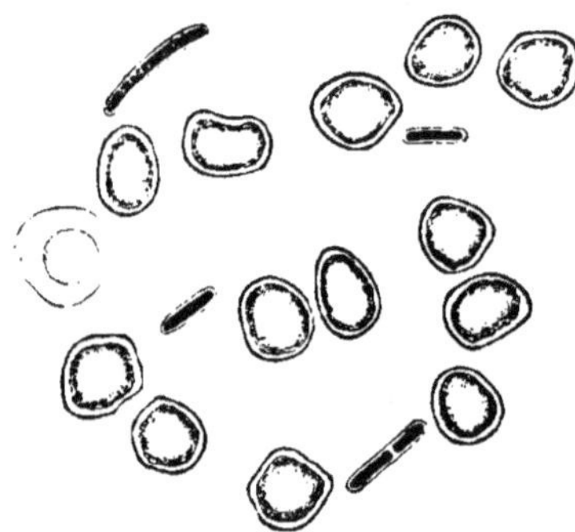

Fig. 72. Sang d'un cochon d'Inde mort d'anthrax symptomatique.
Des globules sanguins et entre eux quelques bacilles.
Coloration au pourpre de Spiller.

se produit sous la peau et dans les tissus intermusculaires de l'une ou de l'autre, parfois des deux extrémités antérieures ou postérieures et qui, par conséquent, gêne énormément les mouvements de l'animal qui en est affecté. Les animaux meurent ordinairement dans le courant du second ou du troisième jour après l'infection. Les tumeurs sous-cutanées contiennent de nombreux bacilles, de même que les viscères abdominaux et thoraciques.

Les bacilles ont à peu près la dimension de ceux de l'anthrax malin ou sont un peu plus épais. Ils sont ar-

rondis aux extrémités et renferment souvent à un bout
une spore ovale, brillante. Celle-ci se trouve aussi
dans les bacilles des organes parenchymateux et,
comme on le verra plus bas, elle ne se rencontre jamais
dans le bacille de l'œdème malin. Ces bacilles sont isolés ou en chaines courtes; quelques-uns sont mobiles.

Inoculés dans les tissus sous-cutanés des cochons
d'Inde, des lapins des moutons et des veaux, ils leur
sont toujours funestes et produisent les mêmes effu-
sions de sang sous-cutanées.

Des inoculations veineuses de petites quantités de
matière contenant des bacilles produisent seulement un
léger désordre fébrile. De grandes quantités occasionnent la mort. Les animaux chez lesquels on a provoqué par injection veineuse de petites quantités de
matières une légère maladie sont désormais à l'abri de
l'effet d'une plus forte dose. Le même fait se produit
avec les inoculations sous-cutanées. (Arloing, Cornevin
et Thomas.) Les spores de ces bacilles perdent leur virulence lorsqu'on les chauffe à 85° C., pendant 6 heures.
(Arloing, Cornevin et Thomas.)

(*l*) *Bacille du charbon.* (Bacillus anthracis). — Pollen-
der [1], Brauell [2], Davaine [3] et ensuite Bollinger [4] ont reconnu dans le sang d'animaux morts du charbon la
présence de bâtonnets droits, courts ou allongés que
Davaine a nommé la *Bactéridie du charbon.* Cohn [5] les
identifia à des bacilles semblables en tous points aux
bacillus subtilis, si ce n'est que les bacilles du charbon
sont immobiles.

1. *Viertelj. f. gericht. Med.*, 1855.
2. *Virchow's Archiv*, vol. XIV, 1853.
3. *Comptes rendus*, LVII, 1853.
4. *Med. Centralbl.*, juin 1872.
5. *Beitr. z. Biol. d. Pflanz.*, vol. II.

Koch[1] a montré l'égale répartition de ces bacilles dans le sang des organes et notamment de la rate. Il a réussi à les cultiver artificiellement en prenant un fragment de la rate d'une souris, animal très sujet au charbon, et en suivant le développement des microbes sous le microscope. Il a vu que les bâtonnets se multiplient par division et qu'ils se transforment en filaments longs,

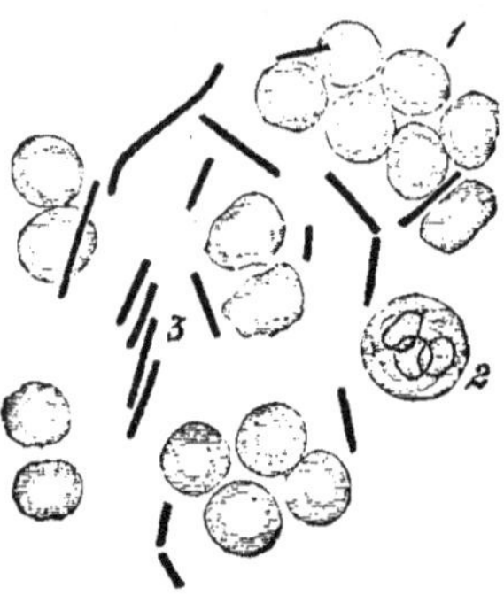

Fig. 73. Sang du cœur d'une souris morte du charbon.
1. Globules sanguins.
2. Globules blancs du sang.
3. Bacilles du charbon.
Préparation fraîche.

d'aspect homogène droits ou courbes dans lesquels, après quelques temps et au contact de l'air apparaissent des spores ovales et brillantes, tandis que les filaments se gonflent et deviennent homogènes. Ces spores deviennent libres et, cultivées artificiellement ou injectées dans un rongeur, elles donnent naissance aux bacilles caractéristiques. Ceux-ci s'allongent, se divisent et donnent de nouveau naissance, dans les cultures artificielles, à de longs filaments qui forment eux aussi

1. *Beitr. z. Biol. d. Pflanz.*, vol. III.

des spores. Koch [1] a vu germer ces spores en trois ou quatre heures dans des préparations faites dans l'humeur aqueuse et placées dans l'étuve à 35° C.

Les bacilles isolés, tels qu'ils se présentent dans le sang, mesurent entre 0,005 et 0,002 millim. de long et 0,001 à 0,0012 millim. d'épaisseur. Ils sont tronqués à leurs extrémités [2]. Les spores produites par le développement des bacilles au contact de l'air ont environ de

Fig. 74. Sang provenant du cœur d'une souris morte du charbon.
Coloration au pourpre de Spiller.

0,002 à 0,003 millim. de long. Elles ne prennent pas les couleurs d'aniline et se différencient ainsi des bacilles.

Chez l'homme, le charbon se présente avec les symptômes de la maladie des trieurs de laine; pour l'étiologie, voyez Spears (*Report of the Medical of the Local Government Board*, 1881 et 1882) et Greenfield (*ibid.*, 1881).

Tous les rongeurs et tous les herbivores sont sujets à l'anthrax; les rats le contractent pourtant difficile-

1. *Ibid.*, vol. II, part. II, page 288.
2. L'on admet généralement que les bacilles sont les mêmes chez tous les animaux atteints de fièvre splénique; c'est indubitablement une erreur, ainsi que l'a fait remarquer Huber (*Deutsche Med. Woch.*, 1881), les bacilles du cochon d'Inde sont plus épais que ceux de la souris ou du mouton et ceux du lapin sont plus gros encore que ceux de ces derniers.

ment, les pigeons, les chiens et les chats y sont très
réfractaires. L'infection des animaux peut se produire
par l'inoculation sous la peau et dans le tissus sous-cutané, par injections intravasculaires et par inhalation
de spores. (Buchner, *Untersuchungen über Niedere Pilze*,
par le prof. Naegeli. 1882, p. 178.) Dans la maladie des
trieurs de laine, l'infection se produit d'habitude par
l'inhalation des spores qui adhèrent à la laine des

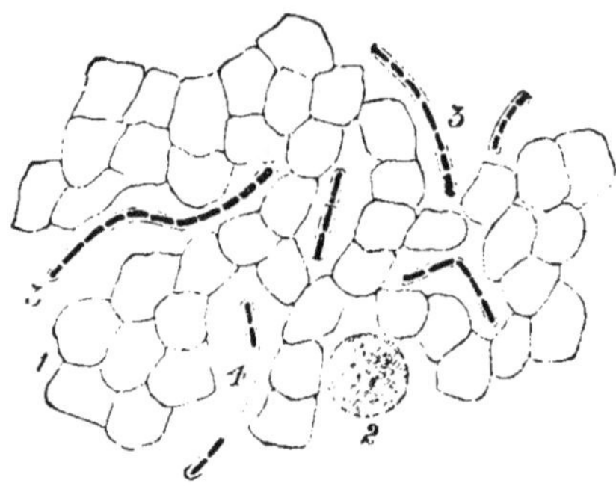

Fig. 75. Sang du cœur d'un cochon d'Inde mort du charbon.
1. Globules rouges.
2. Globules blancs.
3. Bacillus anthracis.
Coloration au pourpre de Spiller.

peaux d'animaux, moutons, chèvres morts du charbon,
Chez les rongeurs atteints du charbon aussi bien que
chez l'homme, les vaisseaux sanguins de tous les organes contiennent des bacilles et les extravasations de
ce sang infecté se rencontrent fréquemment sur
beaucoup de points du corps. La présence des bacilles
dans les extravasations de la muqueuse des trachées et
des bronches n'implique pas nécessairement que ces
parties représentent les points d'entrée des bacilles dans
l'organisme ainsi que Grienfield semble le considérer
comme presqu'évident. (*Reports of the medical Officer*

of the Local Government Board, 1881.) Il est de fait que dans tous les poumons de souris, de lapin et de cochon d'Inde morts par inoculation sous-cutanée du charbon, j'ai trouvé des bacillus anthracis dans les cavités alvéolaires et dans les bronches. L'ingestion des bacilles est quelquefois suivie de l'apparition du charbon, mais le fait peut s'être produit dans ces cas-là par suite de l'érosion de la muqueuse de la bouche, du pharynx ou de l'intestin. Des souris nourries avec des matériaux charbonneux ne contractent pas la maladie. (Klein, *ibid.*, 1881.) Mais les cas d'infection intestinale cités (pour la bibliographie du sujet voyez Koch, *Œtiologie d. Milzbranche, Mittheil. a. d. k. Gesundheitsamte*, 1881), semblent néanmoins indiquer qu'un tel mode d'infection ne doit pas être absolument rejeté. (Voyez aussi Falke, *Virchow's Archiv*, vol. XCIII.)

Les rongeurs inoculés avec le sang ou la rate d'un animal mort de l'anthrax ou avec les bacilles ou les spores d'une culture artificielle périssent généralement en quarante-huit heures ; dans certains cas en vingt ou trente heures, plus rarement en soixante. Dans tous les cas, le sang contient des bacilles, la rate est grosse et remplie de bacilles ; il en est de même des vaisseaux sanguins de la plupart des autres organes, des exsudations et de l'urine. Dans le placenta d'une femelle pleine de cochon d'Inde, morte par l'inoculation du charbon, j'ai observé que les bacilles se tenaient généralement confinés dans les vaisseaux sanguins de la mère et étaient absolument absents du sang et des vaisseaux des petits.

Une inoculation sous-cutanée de la plus petite quantité de matière contenant des bacilles (sang ou liquide de culture) produit invariablement la mort. Cette inoculation produit toujours chez le cochon d'Inde un œdème caractéristique qui s'étend parfois très loin. Le liquide de l'œdème est clair et ne contient que peu de bacilles.

Archangelski (*Centralb. f. d. med. Wiss.*, 1883, p. 257) prétend avoir reconnu que lorsqu'un animal est inoculé du charbon, il se trouve dans son sang un grand nombre de spores peu d'heures avant que les bacilles n'y apparaissent. Ces spores se transforment en bacilles peu avant la mort. Il prétend de plus que ces spores prises dans le sang peuvent se multiplier par division sans se transformer en bacilles lorsqu'on les cultive artificiellement à l'abri du contact de l'oxygène. J'ai démontré cependant (*Reports of the Medical Officer of the Local Government Board*, 1883) qu'aucune de ses assertions n'est confirmée par les observations actuelles et qu'elles sont erronées.

Tout liquide contenant de la matière protéique est un bon milieu de culture pour les bacilles. Ils se développent abondamment à toutes les températures entre 15° et 43° C, mais mieux entre 25° et 40° C. Ils s'allongent et se divisent rapidement formant des filaments longs, courbés et produisant souvent des faisceaux, chaque filament étant uni à son voisin comme les cordes d'un câble.

Le bacillus anthracis se développe bien mieux dans des liquides neutres, mais il croît aussi dans une certaine limite dans les milieux acides ou alcalins contenant de la matière protéique. Lorsqu'il se développe dans un liquide nutritif neutre, il forme au fond du vase des masses blanchâtres et touffues composées des pelotes caractéristiques de filaments. A l'état frais, ceux-ci paraissent homogènes, leurs extrémités étant un peu plus épaisses et plus arrondies. Examinés dans des préparations faites d'après la méthode de Weigert

et Koch, c'est-à-dire en desséchant, colorant avec les
couleurs d'aniline, lavant à l'eau puis à l'alcool ensuite
dans l'eau distillée, desséchant et montant enfin dans
le baume, tous les bacilles et les filaments paraissent
composés d'une mince membrane hyaline dans laquelle
est une rangée de masses cubiques ou allongées de
protoplasma fortement coloré par la teinture. Le nombre

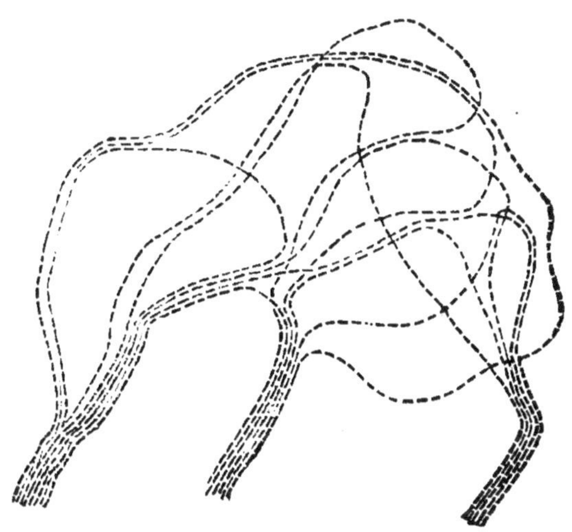

Fig. 76. Culture artificielle de bacillus anthracis.
Faisceaux de filaments composés de bacilles.
Grossissement : 300. Coloration au pourpre de Spiller.

de ces masses élémentaires de protoplasma varie selon
la longueur des bacilles. Quelques-uns des éléments
en bâtonnets paraissent éprouver dans leur milieu un
étranglement, signe précurseur de division. Entre
chaque élément on voit une mince cloison.

Lorsque les bacilles du charbon se développent à la
température ordinaire sur un milieu solide, sur un mélange de gélatine et de bouillon ou d'agar-agar et de
peptone, par exemple, ils montrent une modification très

singulière ; quelques-uns des éléments prennent une forme sphérique ou ovale, une forme torula ; ils se multiplient par gemmation et division et constituent des chapelets ou des chaînes. Peu à peu chacun de ces éléments sphériques s'allonge en bâtonnets et lorsque

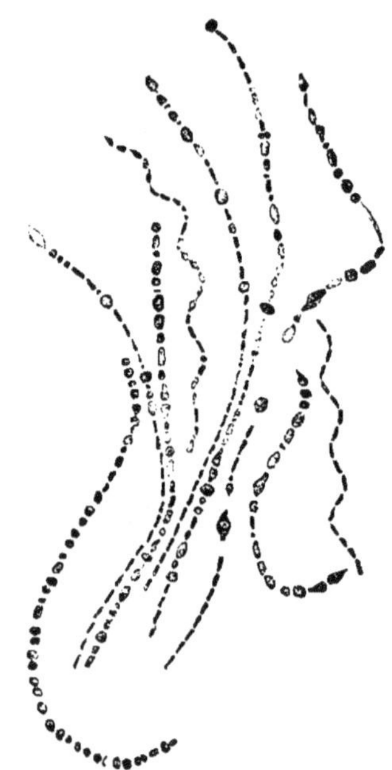

Fig. 77. Culture artificielle de bacillus anthracis cultivés à la température ordinaire sur un milieu solide (gélatine). Forme torula.
Grossissement : 450. Coloration au pourpre de Spiller.

tous ces éléments ont subi ce changement nous avons le filament homogène type du leptothrix. Quelques-uns des éléments gardant longtemps leur forme ronde et étant plus gros, présentent alors l'aspect de sporanges de nostoc. Les formes les plus intéressantes sont celles dans lesquelles un filament lisse ordinaire de bacillus anthracis présente à ses extrémités en voie d'accroissement une chaine de torula. Ces formes torula se rencontrent aussi dans les cultures ordinaires dans les liquides à la température de 20°-30° C., mais jamais aussi souvent qu'à la température normale et dans un milieu solide. Ces torula ont environ $0^m,0013$ à $0^m,0026$ millim. de diamètre ; elles sont très virulentes mais prennent toujours dans le corps d'un animal la forme typique du bacille [1].

Comme je l'ai mentionné en traitant des bacilles chromogènes, ces formes turula ont été aussi observées par Neelsen chez le bacille qui occasionne la couleur du lait bleu et par Zopf [2] chez le cladothrix dichotoma.

J'ai observé également cette variété torula dans les filaments de bacilles septiques, dans un bacille qui s'était accidentellement développé dans du bouillon de porc. Ce bacille avait les mêmes caractères morphologiques que le bacillus subtilis de l'infusion de viande et formait aussi des pellicules composées de filaments. Dans quelques-uns des filaments l'on pouvait voir çà et là de grandes cellules torula interposées entre les cellules cubiques et cylindriques.

En ensemençant des milieux liquides, bouillon ou peptone, avec les bacilles du charbon provenant du sang ou de la rate d'un animal charbonneux et en agitant le liquide de façon à répandre uniformément les bacilles dans sa masse, l'on remarque qu'après un séjour de vingt-quatre ou quarante-huit heures, à la température de 25° à 40° C., le liquide se trouble uniformément, grâce à la rapide multiplication des bacilles. Ceux-ci diffèrent par leurs dimensions des bacilles caractéristiques du charbon. Mais si le développement continue, ils forment

---

1. Klein, *Quart. Journ. of Microscop. Science*, avril 1883.
2. *Zur Morphologie d. Spaltpflanzen* II et *Die Spaltpilze*, Breslau, 1883.

tous des filaments qui, étant plus lourds, tombent au fond du liquide et forment les amas blanchâtres caractéristiques du bacillus anthracis. Si au contraire l'on ensemence du bouillon léger en prenant soin que les germes, qui peuvent consister en bacilles du sang, en

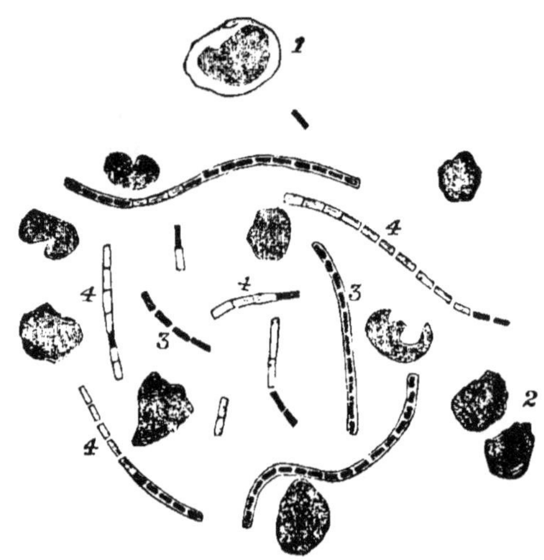

Fig. 78. Sang de la rate d'un cochon d'Inde mort du charbon.
1. Globule blanc.
2. Globules rouges altérés.
3. Chaines de bacillus anthracis.
4. Bacilles en voie de dégénérescence, l'enveloppe seule ayant persisté.
Coloration au violet gentiane.

bacilles de culture ou en spores, soient placés au fond du flacon seulement et que celui-ci ne soit point agité, l'on remarque que le liquide demeure limpide. Tout le développement s'effectue au fond du tube sous forme de masses blanchâtres et touffues.

Après quelques jours de développement et quelle que soit la température, la plupart des bacilles et leurs filaments présentent des signes de dégénérescence qui

consistent en une diffluence granulaire et une absorption du protoplasma intérieur des bacilles et de leurs
filaments. Cette dégénérescence se produit d'abord par
places mais gagne peu à peu de grandes longueurs de
filaments. Ces bacilles et ces filaments dégénérés paraissent par place comme s'ils étaient vides. Cela se remarque
également chez les bacilles du sang et de la rate d'un
animal inoculé du charbon même au moment de la mort
ou peu après, si les bacilles sont en grand nombre.

Fig. 79. Culture artificielle de bacillus anthracis dans du bouillon
datant de plusieurs jours.
Les filaments sont gonflés et contournés; en maints endroits le
protoplasma a disparu laissant en place la membrane et les cloisons.
Coloration au pourpre de Spiller.

Une autre forme de dégénérescence consiste en ce
que les filaments de bacilles se crispent, se gonflent, et
finalement se désagrègent en débris amorphes. Tant
que les bacilles se développent dans la masse du liquide
ils ne produisent pas de spores, mais quand le développement s'effectue à la surface et au contact de l'air ou
sur un milieu solide, les bacilles, après s'être disposés
en filaments, commencent à produire des spores. Ils
peuvent cependant former des spores même sur un
milieu liquide si, par un accident quelconque, soit en
s'attachant au vase contenant la culture, soit en s'atta-

chant à un filament de coton, quelques-uns des bacilles peuvent rester à la surface du liquide.

La sporulation n'est pas due à l'épuisement du milieu nutritif comme le voulait Buchner et elle n'a en réalité aucun rapport avec lui, mais elle représente le dernier échelon de la vie des bacilles à la condition qu'ils soient pourvus d'une grande quantité d'oxygène. Si cette dernière condition n'est pas remplie, lorsque par exemple le développement s'effectue au fond d'un liquide, les bacilles dégénèrent graduellement, comme nous l'avons dit ci-dessus.

La sporulation s'effectue, toutes choses égales d'ailleurs, à toutes les températures entre 18° et 45° C. Koch, lui assigne 15° C., comme limite maxima. Pasteur prétend que dans un milieu nutritif exposé à la température de 42° à 43° C., les bacilles ne peuvent plus former de spores. C'est là une erreur, car, quand les bacilles se développent à la surface du milieu nutritif ils forment des spores même à 44° ou 45° C., comme je l'ai parfaitement vu sur des cultures d'agar-agar et de peptone. La sporulation consiste dans l'apparition d'un corps sphérique d'un éclat gras dans le protoplasma d'une masse élémentaire ou cellule. Ce corps s'accroît peu à peu jusqu'à son entier développement et devient en même temps ovalaire. Les bacilles qui les contiennent sont plus épais que ceux dans lesquels il ne s'en est pas formé. Dans les conditions les plus favorables, chaque masse cubique ou allongée de protoplasma contient une spore et dans ce cas le filament en contient une rangée presque continue, mais dans d'autres cas on n'en voit qu'une çà et là dans une cellule, le reste du filament ne tardant pas à être résorbé. Dans le premier cas également le protoplasma des éléments disparaît presque entièrement, la membrane se gonfle et devient

hyaline et il ne reste plus que les spores brillantes.
L'on voit toujours néanmoins par leur disposition
linéaire qu'elles ont été contenues dans un filament.

Lorsque les bacilles se développent dans la masse

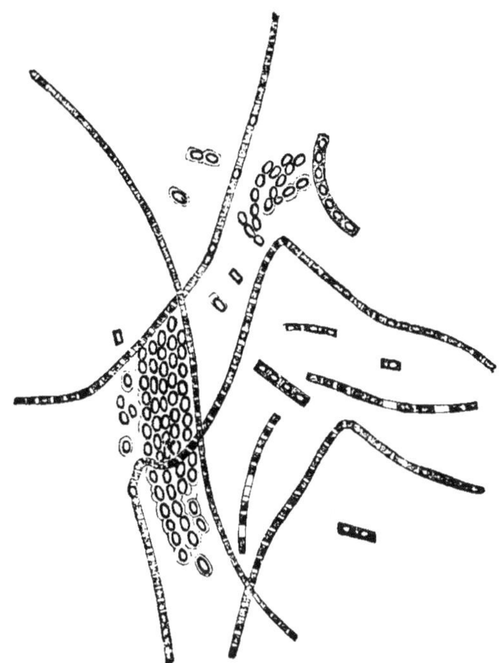

Fig. 80. Culture artificielle, dans du bouillon de porc neutralisé, de
bacillus anthracis avec abondante sporulation.
Coloration au pourpre de Spiller.

d'un milieu liquide ils ne donnent pas de spores ainsi
que nous l'avons déjà dit, et, comme nous l'avons vu
également, de nouveaux bacilles apparaissent et les
vieux filaments s'accroissent et meurent. Cette dégénérescence s'accentue de plus en plus et, quand le liquide
épuisé est devenu impropre au développement de nouveaux bacilles, il doit fatalement s'ensuivre que tout

le développement s'arrête peu à peu, entrainé par le processus de dégénérescence, que la masse entière diminue et qu'il n'en reste bientôt plus que des débris. De telles cultures et notamment celles dans lesquelles la dégénérescence comprend toute la masse des bacilles, sont absolument inactives lorsqu'on les inocule à des animaux ou qu'on s'en sert pour ensemencer des cultures. Mais aussi longtemps qu'il reste d'éléments protoplasmiques normaux dans les cultures, celles-ci sont funestes à tous les rongeurs si ce n'est aux souris et sont susceptibles, lorsqu'on les ensemence dans de nouveaux milieux, de donner des cultures virulentes sur des rongeurs ou des moutons.

Le même fait s'observe chez les bacilles du sang et des organes d'un animal mort de l'anthrax, pourvu que l'animal ne soit pas ouvert et que ses organes, ses exsudations ou son urine ne soient pas exposés au contact de l'air. Car les bacilles qui ne sont pas exposés à l'air dégénèrent graduellement et le sang ou les organes d'un animal, bien que d'abord excessivement nuisibles à d'autres animaux, deviennent à la longue absolument inoffensifs. Des observations systématiques m'ont démontré que de petits animaux, comme des souris, des cochons d'Inde abandonnés ou enterrés sans avoir été ouverts, deviennent absolument inoffensifs après cinq ou huit jours, les bacilles ayant pendant ce laps de temps entièrement disparu par dégénérescence du sang, de la rate et des autres organes. L'opinion de Pasteur que chez les animaux morts du charbon et enterrés, les bacilles forment des spores, que ces spores sont avalées par les vers de terre et transportées à la surface du sol où elles sont déposées avec les déjections de ces animaux et qu'enfin ces spores seraient ainsi susceptibles d'infecter les animaux qui brouteraient ou séjourneraient sur ce sol, celte opinion, dis-je, n'est point confirmée par l'observation précédente. De plus Koch a prouvé[1], par des expériences directes, que des spores du bacillus anthracis, mélangées avec de la terre dans laquelle vivent des vers, ne sont point avalées par eux.

Lorsqu'on dessèche en mince couche les bacilles du sang ou d'une culture, ils périssent invariablement, mais il n'en est pas de même pour leurs spores.

Les bacilles du sang d'un rongeur mort du charbon sont toujours plus gros que les bacilles cultivés dans un milieu neutre liquide comme le bouillon de porc.

La culture des bacilles du sang à des températures variant entre 20° et 40° C., dans un milieu nutritif approprié, solide ou liquide, malgré de nouveaux transports (appelés aussi nouvelles cultures ou nouvelles générations) conserve toujours ses propriétés virulentes. Il est absolument faux, comme l'ont prétendu Buchner[2] et Greenfield[3] que des transports multipliés diminuent la virulence des bacilles. Aussi longtemps que les cultures restent pures, non contaminées, et à l'abri des contaminations accidentelles, les bacilles du charbon conservent entièrement leur virulence.

Les cultures des bacilles du sang dans les milieux liquides à 20°-38° C., sont, pendant la première ou la seconde semaine, nuisibles aux souris, aux cochons d'Inde et aux lapins. Après ce laps de temps elles perdent leur action sur les souris, pourvu que le développement se fasse dans la masse du milieu de culture et qu'il n'y ait pas de sporulation. En ce qui concerne pourtant les cochons d'Inde et les lapins, ces cultures

1. *Mittheil. a. d. k. Gesundheitsamte*, 1881.
2. *Ueber d. Erzeug. des Milzbrandes*, Munich, 1880.
3. *Proceedings of the Royal Society*, 17 juin 1880.

conservent leur virulence aussi longtemps qu'elles contiennent encore des bacilles normaux[1]. Des cultures neuves faites avec ces bacilles donnent invariablement

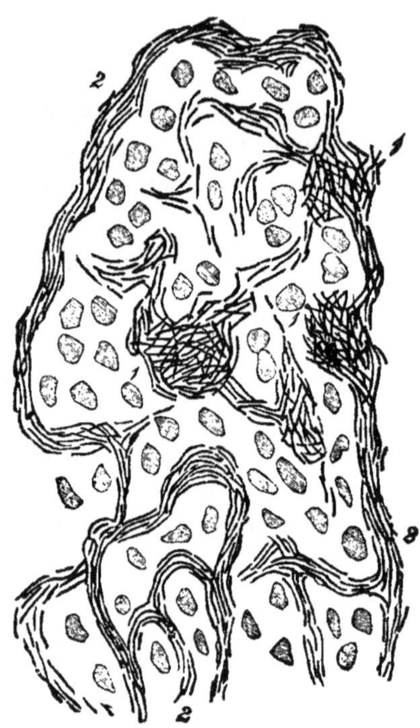

Fig. 81. Réseau de capillaires remplis de bacillus anthracis d'un lapin mort du charbon.
1. Extravasation des bacilles.
2. Capillaires remplis de bacilles.
Grossissement : 350.

une culture fatale à tous les rongeurs pendant la première où la seconde semaine.

Pasteur a prétendu que les bacilles du sang atténués par un séjour de trente jours à la température de 42° à

1. Klein, *Reports of the Medical Officer of the Local Government Board*, 1881.

43° C., peuvent donner de nouvelles cultures de virus
atténué. Cela, j'en doute, car, j'ai trouvé que ces cultures donnaient au contraire des bacilles virulents. De
même, les bacilles de telle culture qui est seulement un
vaccin pour le mouton, inoculés à un cochon d'Inde, le
tuent par le charbon et alors les nouveaux bacilles sont
fatals aux moutons.

Les bacilles du sang exposés à une température de
55° C., ou à l'action d'une solution d'acide phénique à
1/2 ou 1 p. 0/0 perdent leur virulence. (Toussaint.)
Chauveau a trouvé que l'action de la chaleur à 52° C.,
pendant quinze minutes ou à 50° pendant vingt
minutes détruit la virulence des bacilles du sang. Pasteur[1] a reconnu qu'en cultivant les bacilles du sang
dans le bouillon de poulet à 42°-43° C., ils perdent leur
virulence au bout de vingt jours de culture, non comme
le pense Pasteur sous l'action de l'oxygène, mais bien
sous l'action de la chaleur et quand ces bacilles sont
introduits dans le corps d'un mouton ou d'un bœuf, ils
ne le tuent pas bien que parfois ils lui occasionnent une
légère maladie. Après cette maladie les animaux sont
désormais à l'abri de l'anthrax. Mais en ce qui concerne
cette vaccination il faut se pénétrer de cette idée que
trente jours de culture des bacilles du sang ne four-
nissent pas toujours un virus atténué[2] et que de plus
le bétail qui ne meurt pas par l'inoculation du virus
atténué par la méthode Pasteur, ou par d'autres
moyens, bien qu'il soit protégé du charbon virulent ne
l'est seulement que pour un temps limité, qui ne va
probablement pas au delà de neuf mois[3].

1. *Comptes rendus*, 1881 : *Transactions of the International medical congress in London*, 1881, vol. I.
2. Klein, *Reports of the medical Officer of the Local Government
Board*, 1882.
3. Pasteur pense que ces cultures restent privées de spores à cause

Dans toutes ces expériences avec le bacille du char-

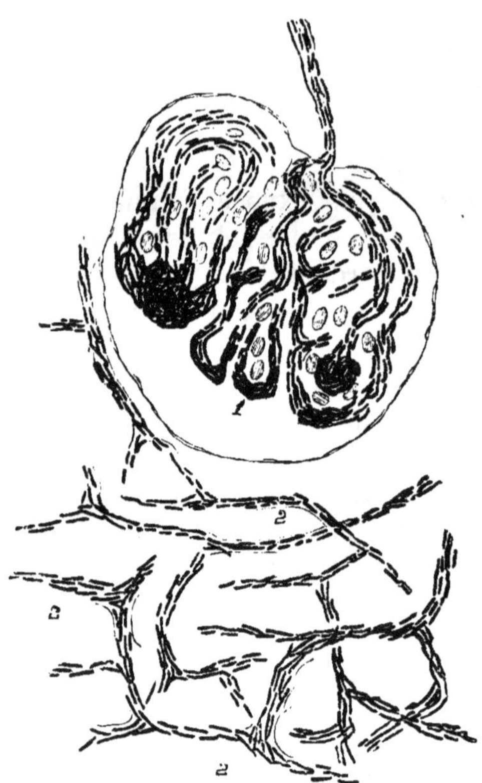

Fig. 82. Coupe à travers le rein d'un lapin mort du charbon.
Les capillaires de la couche corticale sont naturellement injectés de
bacilles.
1. Glomérule.
2. Les capillaires environnant les tubes unirifères ne sont
point représentés.
Grossissement : 350. Coloration au pourpre de Spiller.

bon il faut bien se pénétrer de cette idée qu'en faisant
passer les bacilles par différentes espèces d'animaux

de la température de 42°-43° C.; mais il n'en est point ainsi, comme
je l'ai dit plus haut. Cet état ne se prolonge qu'autant que les bacilles sont garantis du contact de l'air.

ils acquièrent des propriétés différentes et que les bacilles qui sont fatals à certains animaux ne le sont pas
à tous les autres. Par exemple, tandis que le bacille du
sang des moutons ou du bétail morts du charbon tue
invariablement les animaux de même espèce auxquels
o i l'inocule, il perd au contraire sa virulence vis-à-vis des
moutons et des bêtes à cornes, lorsqu'on le fait passer
par le corps de la souris [1]. Le sang de la souris blanche
morte du charbon ne tue pas le bétail ; il produit seulement une maladie transitoire et les animaux sont, pour
un temps du moins, protégés contre le charbon virulent.
Le sang des cochons d'Inde morts du charbon produit la
maladie, quelquefois la mort chez le bétail, mais en général il ne le tue pas (Sanderson et Duguid) et le sang de
la viscache de l'Amérique du sud ne tue pas le bétail mais
lui donne une maladie temporaire et l'immunité pour
un certain temps [2]. De même le vaccin de Pasteur qui
en général, mais non sans exception, ne tue ni les moutons ni le bétail, est fatal aux rongeurs [3]. Il résulte de
tout cela qu'en ce qui concerne la virulence, le bacille
du charbon diffère chez les différentes espèces d'animaux et y acquière des propriétés diverses. Une culture
qui ne tue pas les souris telle, par exemple, qu'une culture artificielle du bacille du sang après une ou deux
semaines d'incubation à 20°-25° C., ou telle autre atténuée par la chaleur ou les antiseptiques, ne donne point
aux cochons d'Inde un anthrax mortel mais ne leur confère cependant pas l'immunité. Autant que mon expérience m'a permis d'en juger, les rongeurs meurent ou ne

1. Klein, *Reports of the medical Officer of the Local Government
Board*, 1882.
2. Roy, *Nature*, décembre 1883.
3. Klein, *Reports of the Medical Officer of the Local Government
Board*. Des résultats identiques ont été obtenus par Gaffky. (*Mitth
a. d. k. Gesundheitsamte*, 1882.)

meurent pas par l'inoculation du bacillus anthracis, mais ils ne peuvent pas être vaccinés par un virus atténué.

Koch [1] affirme que dans le bouillon de poulet neutre, les bacilles qui se développent à 42° C. perdent leur virulence en trente jours et qu'ils la perdent en six jours en 43° C., d'abord pour les lapins, puis pour les cochons d'Inde et en dernier lieu pour les souris. Je suis parfaitement sûr d'après mes propres observations que ces résultats ne sont pas constants, car j'ai vu des bacilles anthracis très virulents soit sur des lapins, soit sur des cochons d'Inde, même après un développement de trente-six jours à 42°,5 C.

Le bacille du charbon est, comme nous l'avons vu, susceptible de se développer hors du corps et, lorsqu'il trouve de l'oxygène, il produit des spores qui en représentent l'état permanent. Si, par conséquent, un animal comme un mouton ou un bœuf meurt du charbon dans un champ, les exsudations de l'animal, sang, urine, écoulements de la bouche ou des narines contiennent toujours un certain nombre de bacilles qui peuvent se développer indéfiniment à la surface du sol où ils trouvent toujours une grande quantité de milieu nutritif approprié, dans les matières animales où végétales en décomposition. Là, l'air ne leur fait pas défaut et ils peuvent très bien former des spores. Un tel sol, grâce à la présence de ces spores restera toujours un foyer permanent d'infection pour les animaux qui y séjourneront. (Koch.)

(*m*) *Bacille de la tuberculose.* (Koch.) — Dans tous les cas de tuberculose chez l'homme, le bétail (Perlsucht) et les singes, dans tous les cas produits artificiellement

1. *Ueber d. Milzbrandimpfung*, 1882. Les spores du bacillus anthracis peuvent être chauffées à l'état sec pendant plus d'une heure sans en souffrir : à l'état humide, sous l'action de la vapeur d'eau à 100°, par exemple, elles périssent en quinze minutes. (Koch.)

par inoculation de matière tuberculeuse prise chez
l'homme ou le bœuf, chez les chats, les cochons d'Inde,
les lapins et les rats, dans tous les cas enfin de tuberculose spontanée chez les oiseaux (poules) Koch[1] a
trouvé à l'état frais et particulièrement après coloration
par le bleu de méthyle et la vésuvine de petits bacilles

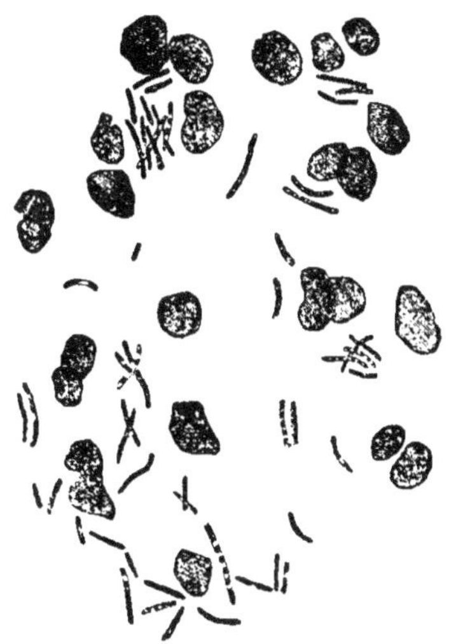

Fig. 83. Crachat d'un tuberculeux coloré par la méthode d'Erlich
et de Weigert.
Les noyaux sont colorés en bleu, les bacilles en rose.

particuliers. Les uns présentaient des spores ovales,
les autres en étaient dépourvus, les uns étaient lisses
et homogènes les autres plus ou moins moniliformes.

Un centimètre cube d'une solution alcoolique concentrée de bleu de méthylène est mélangée à 200 cent.
cubes d'eau distillée. On ajoute à ce mélange 2 cent.
cubes d'une solution de potasse caustique à 10 p.
cent. Dans cette solution les coupes de tissus frais

1. *Berliner Klin. Wochenschrift*, XV, 1882.

ou durcis ou les fragments de tubercules sont abandonnés pendant une demi-heure ou une heure à 40° C., ou pendant vingt-quatre heures à la température ordinaire. La préparation est colorée ensuite pendant deux minutes sur une solution aqueuse concentrée et filtrée de vésuvine, puis lavée à l'eau distillée. L'examen avec un objectif à immersion dans l'huile de 1/12 de pouce et un condensateur Abbe, fait voir que tous les éléments sont colorés en brun excepté les bacilles qui sont bleus. Les bacilles présentent encore une réaction bien plus nette et plus délicate si la préparation est colorée par la méthode d'Erlich : 500 cent. cubes environ d'aniline pure (huile d'aniline) sont bien mélangés à 100 cent. cubes d'eau distillée, puis l'on filtre. L'on ajoute à ce mélange une solution alcoolique saturée de fuchsine et l'on s'en sert pour colorer la préparation pendant un quart d'heure ou une demi-heure. On lave ensuite pendant quelques secondes dans un mélange d'une partie d'acide nitrique et de deux parties d'eau et on lave ensuite à l'eau distillé. La préparation ne présente alors pas trace de couleur si ce n'est les bacilles de la tuberculose qui retiennent la couleur rouge de la fuchsine. Le tissu peut alors être coloré soit par la vésuvine soit par le bleu de méthylène qui colorent le tout en brun ou en bleu en laissant aux bacilles leur couleur rouge. La réaction après le lavage à l'acide nitrique est excessivement délicate et très démonstrative, car tous les organismes de la putréfaction se décolorent sous l'action de l'acide à l'exception des bacilles de la tuberculose. Il existe encore d'autres méthodes excellentes ; celles de Weigert et de Gibbes[1] sont très sûres et très concluantes dans leurs résultats.

1. *Lancet*, 5 août 1883.

Weigert a imaginé un liquide colorant qui donne de
très beaux résultats et est très utile pour colorer les
coupes de tissus frais ou durcis. Il se prépare ainsi :
Prenez 12 cent. cubes d'une solution aqueuse de violet
de gentiane à 2 0/0 et 100 cent. cubes d'une solution
d'huile d'aniline. Mêlez. Le mélange s'emploie, comme
on l'a dit plus haut, pour obtenir la première coloration. La seconde coloration destinée à former le con-
traste s'obtient avec la solution suivante :

    Brun bismarck.   .   .   .   .   . 1 gramme
    Esprit de vin rectifié.   .   .   . 10 cent. cubes
    Eau distillée 100   »   »

·Les coupes sont plongées dans quelques gouttes de
cette solution pendant un quart d'heure. Cette méthode
procure les plus jolies préparations de bacilles de la
tuberculose dans les coupes de tubercule ; malheureuse-
ment la couleur des bacilles est très sujette à disparaître.

Lorsqu'il s'agit d'un crachat tuberculeux ou d'une
matière similaire, on en étend une petite gouttelette ou
une particule en couche mince sur une lamelle, on des-·
sèche en passant à travers la flamme d'un bec Bunsen
et l'on colore ensuite comme il est dit au chapitre I. Les
coupes de tubercules frais ou durcis se colorent sans
dessication préalable.

Dans tous les cas de tuberculose chez l'homme, particulièrement dans les crachats, dans les ganglions lymphatiques caséifiés, dans la tuberculose du bœuf, dans
les tubercules artificiels et les ganglions caséifiés des
rongeurs, on a démontré la présence des bacilles de la
tuberculose. Ils sont surtout nombreux dans les masses
caséeuses des poumons du bœuf. Koch les y a trouvés
non seulement amassés dans les masses caséeuses, mais

aussi dans les cellules géantes ; dans quelques cas ils
forment une zone plus ou moins régulière dans la por-

Fig. 84. Matière caséeuse du poumon dans la tuberculose du bœuf
même coloration que dans la fig. précédente.

tion périphérique de la cellule. Selon Koch, les bacilles

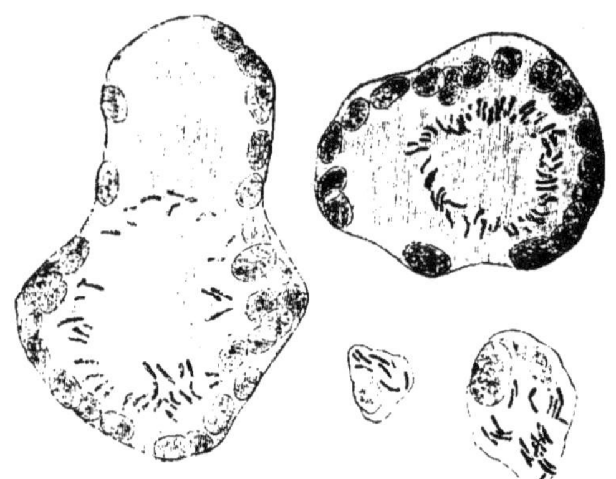

Fig. 85. Coupe à travers les dépôts tuberculeux du poumon d'une
vache.
Deux cellules géantes et deux petites cellules contenant des bacilles
de la tuberculose.

disparaissent ensuite peu à peu des cellules géantes. Les
bacilles ne sont pas mobiles et renferment souvent des
spores. Ces spores peuvent prendre naissance dans l'in-

térieur du corps et grâce à leur présence, les crachats
d'un phtisique conservent leur virulence pendant un
temps considérable, même après la dessication. Koch a
cultivé ces bacilles artificiellement, c'est-à-dire hors du
corps, et en les soumettant à des cultures successives,
il a réussi à les isoler du tissu tuberculeux. Ces bacilles
purs, quelle qu'ait été la période de temps pendant laquelle on les avait cultivés et quelque éloignée que fût
leur origine du tubercule primitif, produisaient toujours
la maladie caractéristique lorsqu'on les inoculait aux
animaux sujets à la tuberculose. La culture réussit
également bien avec les matières provenant des tubercules de l'homme, de ceux du bœuf et des tubercules
artificiellement formés chez le cochon d'Inde. Les bacilles se développent bien à une température variant
entre 37° et 39° C. sur le sérum solide, le mélange d'agar-
agar et de peptone et le liquide de l'hydrocèle solidifié[1].
L'on fait dans un tubercule une incision avec des ciseaux flambés, l'on en prend une particule avec la pointe
d'une aiguille flambée et on la dépose à la surface d'un
milieu solide stérile placé dans un tube à essai bouché
avec du coton stérilisé. Après un laps de temps de 10
à 15 jours dans l'étuve à 37°-39° C. les premières phases
de développement apparaissent sous forme de petites
écailles blanchâtres et sèches qui grandissent peu à peu
jusqu'à se toucher. Ces écailles se composent de bacilles de la tuberculose étroitement unis entre eux. Les
uns sont longs, les autres courts et plusieurs ont des
spores. L'on peut s'en servir pour faire de nouvelles
cultures. Inoculées dans le tissu sous-cutané, dans la cavité pleurale ou péritonéale des cochons d'Inde et des

---

1. Le liquide de l'hydrocèle solidifié a été employé avec succès
pour la culture des bacilles de la tuberculose, non par Koch, mais
par mon ami M. Makins de l'hôpital Saint-Thomas.

lapins, ces cultures provoquent après trois, quatre ou plusieurs semaines les lésions types caractéristiques de la tuberculose artificielle et en particulier : gonflement des ganglions lymphatiques près du point d'inoculation avec caséification et ulcération subséquentes ; gonflement de la rate dû à de nombreux tubercules blanchâtres dont les plus grands sont caséeux ; gonflement du foie qui est moucheté de petits points blanchâtres uniformément distribués, devenant confluents et caséeux par places ; tuberculose du péritoine ; tubercules isolés dans les poumons qui sont d'abord gris et transparents, ensuite caséeux au centre ; gonflement et caséification subséquente des ganglions bronchiaux.

Par le fait même que les bacilles de la tuberculose demandent pour se développer de hautes températures (38°-40° C.), il est évident que, contrairement à d'autres organismes pathogènes, ils ne peuvent prospérer hors du corps animal dans les climats tempérés.

L'inoculation des bacilles purs dans la chambre antérieure de l'œil des lapins et des cochons d'Inde produit la tuberculose caractéristique rapportée par Cohnheim et Salomonsen. Après une incubation de deux ou trois semaines, paraît dans l'iris un ilot de petits tubercules gris qui s'accroissent et présentent bientôt la dégénérescence caséeuse. Puis enfin survient la tuberculose générale du globe de l'œil et des autres organes. De sorte que l'assertion de Conheim, que la matière tuberculeuse inoculée seulement dans la chambre antérieure de l'œil produit l'apparition d'un ilot de tubercules sur l'iris, est entièrement confirmée par les observations de Koch. Les bacilles de la tuberculose qui se trouvent dans les vrais tubercules et qui les caractérisent, sont ainsi manifestement rattachés à la cause réelle du processus morbide. Un grand nombre de pathologistes, depuis

la publication de la découverte de Koch, se sont voués
à l'étude des diverses questions relatives au bacille de
la tuberculose et ont, à peu d'exceptions près, vérifié
ses observations. Si nous ne tenons pas compte de
ceux qui, soit par une technique imparfaite, soit par le
nombre insuffisant de leurs observations, ont nié la
découverte de Koch, la principale opposition vient
d'observateurs qui, comme Toussaint, Klebs et Schüller,
prétendent que la tuberculose est due à un micrococcus
et non à un bacille, ou qui, comme Schottelius et d'autres,
n'admettent pas que la tuberculose de l'homme et celle
du bœuf soient identiques et par conséquent inoculables
l'une à l'autre, ce qui doit être, si dans les deux maladies les bacilles sont les mêmes et s'ils sont la vraie
cause de la maladie. Mais il n'y a point de doute qu'un
grand nombre d'observateurs compétents ont pleine-
ment vérifié les assertions de Koch et que les bacilles de
la tuberculose sont spécifiques et différents de tous les
autres, excepté de ceux de la lèpre, en ce qui concerne
leur nature chimique, et que partout où ils se trouvent
dans les crachats nous avons une véritable tuberculose,
tandis que partout où, après des observations réitérées,
on a constaté leur absence, la tuberculose n'existe pas.
Bien que cette découverte de Koch ne date pas de plus
de deux ans, elle est devenue, entre les mains de tous
les praticiens compétents, d'application pratique jour-
nalière, surtout pour l'examen des bacilles des crachats
de malades soupçonnés de tuberculose.

Un autre point également important de la découverte
de Koch, la culture artificielle des bacilles de la tuberculose et la reproduction de la maladie par leur inoculation, a aussi été vérifiée par Weichselbaum [1]. Le même

---

1. *Wiener med. Blætter*, 1883.

auteur a aussi trouvé[1] que dans la tuberculose miliaire de l'homme le sang contient des bacilles.

Dans le *Practitioner* d'avril 1883, M. Watson Cheyne a publié une importante série d'observations par lesquelles il prouve : 1° que les organes des lapins et des cochons d'Inde malades de la tuberculose produite par

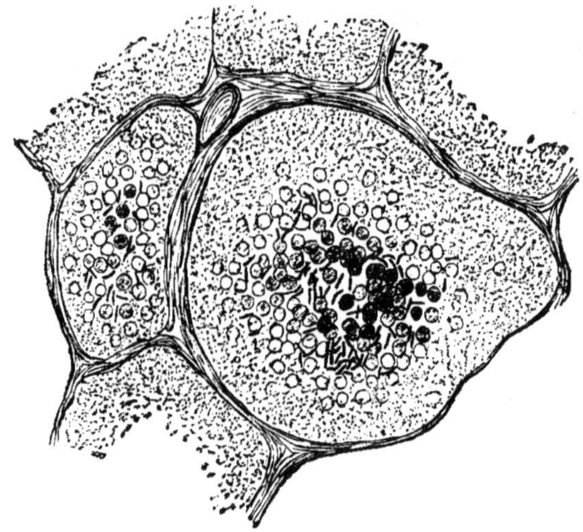

Fig. 86. Coupe à travers un tubercule des poumons d'un enfant atteint de tuberculose miliaire aiguë.

L'on voit quelques alvéoles remplies de débris: au centre se trouvent de nombreux noyaux et parmi eux les bacilles.
Grossissement : 350.

les cultures de Toussaint faites avec le sang d'animaux tuberculeux, cultures que Toussaint considère comme contenant des micrococcus, contiennent, après un examen approfondi, les bacilles caractéristiques de la tuberculose; 2° que des inoculations faites avec les cultures de micrococcus de Toussaint et ne contenant pas de bacilles ne produisent pas la tuberculose chez les

1. *Wiener med Blæter*, 10, 1884.

animaux ; 3° que les assertions de Koch concernant la
présence constante des bacilles de la tuberculose dans
les tubercules d'animaux artificiellement tuberculeux
sont parfaitement justes ; 4° qu'une matière autre que
la matière tuberculeuse ne peut donner la tuberculose,
c'est-à-dire que les cas de tubercolose artificielle observés chez les cochons d'Inde par Wilson Fox et Burdon
Sanderson, ainsi que ceux des expériences plus an-
ciennes de Conheim et de Fraenkel où l'on avait observé des cas de tuberculose provoqués par d'autres
matières, matière caséeuse non tuberculeuse, sétons,
substances indifférentes comme la gutta-percha introduites dans le péritoine, sont dus en réalité à la contamination accidentelle par la matière tuberculeuse.

Selon ma propre expérience, basée sur un très grand
nombre de cas de tuberculose miliaire chez l'homme et
de tuberculose chez le bétail, je ne puis un instant
accepter la donnée que les bacilles trouvés dans les
deux maladies soient identiques. J'ai trouvé en effet,
que dans les deux maladies, leurs caractères morphologiques et leur répartition étaient très différents. Les
bacilles de la tuberculose chez l'homme, sont notable--
ment plus grands que ceux de la tuberculose du bétail,
et dans beaucoup de cas plus régulièrement granuleux.
Comme le prouvent les fig. 83-85, ceux du crachat humain sont près de la moitié ou au moins d'un tiers
plus grands que ceux des masses caséeuses des poumons des bêtes à cornes.

Les bacilles, dans les depôts tuberculeux des bestiaux
sont toujours contenus dans des cellules; plus la cellule
est grande, plus elle en contient, ce fait se vérifie très
aisément sur des coupes minces et bien colorées. L'on
peut encore reconnaître autour de la plupart des amas
bacillaires, les limites de la cellule, et lorsque celle-ci se

désagrège comme cela a lieu tôt ou tard, les bacilles demeurent groupés. Il existe, à ce point de vue, une grande similitude entre la tuberculose bovine et la lèpre. Dans les tubercules de l'homme au contraire, les bacilles sont toujours logés entre les cellules.

Je ne puis me rallier à l'opinion de Koch, Watson Cheyne et des autres auteurs, qui prétendent que chaque tubercule tire son origine de l'émigration des bacilles, car il n'est pas difficile de reconnaître que dans la tuberculose de l'homme, dans celle du bétail et dans celle produite artificiellement chez le cochon d'Inde et le lapin, il existe des tubercules à différents états de développement dans lesquels on ne trouve pas traces de bacilles. Dans la même coupe pourtant, l'on peut rencontrer des tubercules caséeux fourmillant de bacilles.

Schuchardt et Krause[1] ont trouvé les bacilles de la tuberculose, en petit nombre pourtant, dans les inflammations fongeuses et scrofuleuses. Demme[2] et Doutrelepont[3] les ont aussi rencontrés dans le tissu du lupus, mais les bacilles qui se trouvent dans le tissu du lupus, sont, autant que j'ai pu en juger, morphologiquement différents de ceux de la tuberculose. Dans une préparation du suc d'un lupus, j'ai trouvé de grandes cellules transparentes avec quelques noyaux dans la substance desquelles se trouvaient des groupes de bacilles épais, plus courts et plus gros que ceux de la tuberculose. Ces bacilles étaient isolés ou en chaines de deux individus.

Bacille du choléra. — Dans les rapports du Dr Koch, directeur de la commission allemande pour étudier la dernière épidémie de choléra en Égypte, aussi bien qu

e

1. *Fortschritte d. Med.*, 9, 1883.
2. *Berliner klin. Woch.*, 15, 1883.
3. *Monatshefte f. practische Dermatologie*, 6, 1883.

dans les rapports de la commission française, nous voyons que l'on n'a pu réussir à inoculer la maladie aux animaux. La commission allemande n'a pu découvrir aucun organisme spécifique dans le sang des cholériques, les intestins contenaient dans leur intérieur et dans leurs parois de nombreux bacilles en forme de virgule (kom-

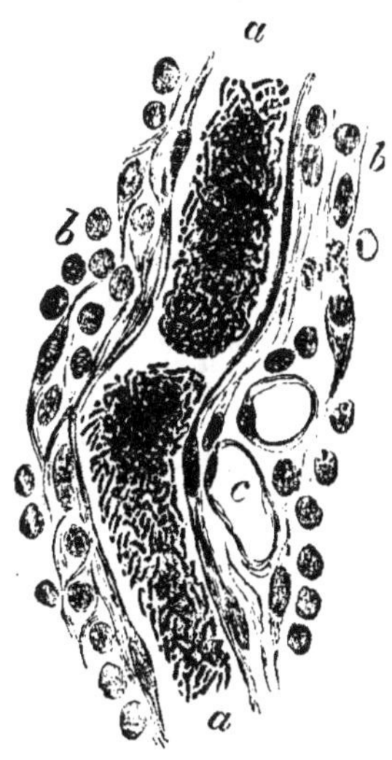

Fig. 87. Coupe du rein d'un lapin mort de tuberculose artificielle.
    a. Vaisseau sanguin rempli de matière caséeuse avec de nombreux bacilles.
    b. Noyaux des cellules du développement tuberculeux récent.
    c. Capillaire coupé transversalement.

ma), que Koch considère comme ayant un rapport spécial avec la maladie. Considérant l'état de l'intestin dans cette maladie, la présence des bacilles, bien que particu-lière dans ses parois et dans son intérieur, n'est pas une preuve convaincante de leur spécificité. Considérant aussi que les animaux sont jusqu'ici réfractaires au choléra, les cultures artificielles du bacille effectuées par le D' Koch n'ont pu être éprouvées.

Pour faire des cultures artificielles de ces bacilles-
virgules, Koch a reconnu qu'il fallait un milieu nutritif
alcalin. Les bacilles sont facilement détruits par la

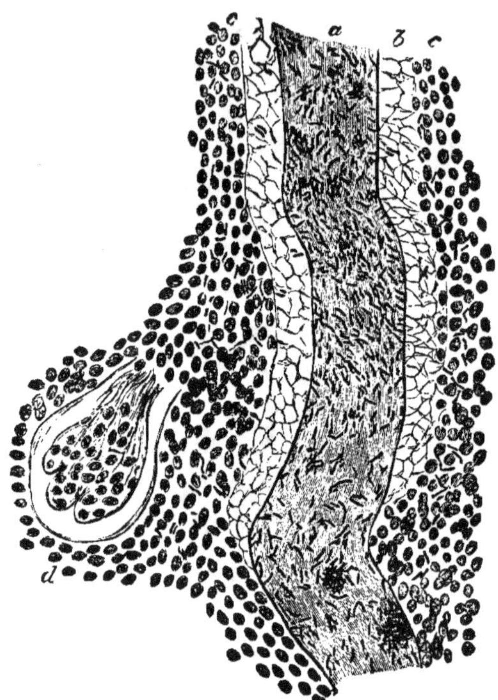

Fig. 88. Coupe à travers le même rein que celui de la figure
précédente.
a. Grande artère remplie de matière caséeuse et de nombreux
bacilles de la tuberculose.
b. Tunique de l'artère.
c. Noyaux de tubercules naissants.
d. Corpuscule de Malpighi.
Grossissement : 500

dessication, Koch les a trouvés dans les linges salis par
les déjections cholériques, dans l'eau potable, qui avait
provoqué l'apparition du choléra chez quelques personnes qui en avaient bu. Dès que les bacilles dispa-

rurent de cette eau, les cas de choléra cessèrent de se produire.

Fig. 89. Suc du tissu d'un lupus préparé d'après la méthode de
Koch et de Weigert.

Mon ami **M. A.** Lingard a mis à ma disposition des coupes d'intestins de sujets morts de dysenterie. L'on

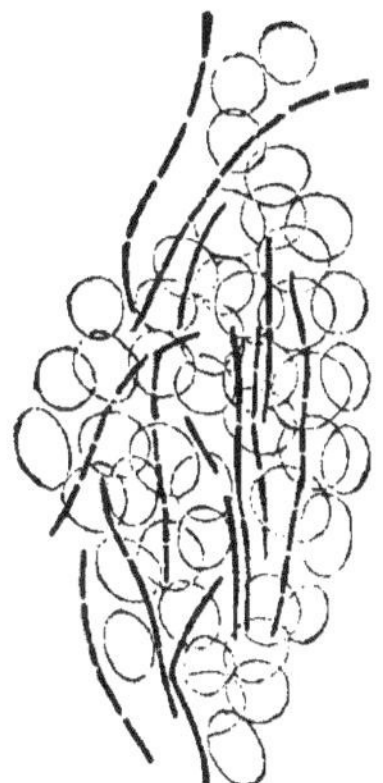

Fig. 90. Coupe à travers la muqueuse de l'intestin d'un sujet mort
de dysenterie.
Nombreux globules blanc extravasés dans le tissu et parmi eux
des bacilles longs et minces.
Coloration au bleu de méthyle.

voit dans la partie superficielle de la membrane muqueuse nécrosée, de grandes quantités de bacilles de la putréfaction. Dans quelques cas néanmoins l'on trouvait dans la masse du tissu, parmi les globules sanguins extravasés, de nombreux bacilles et filaments bacillaires, très minces, longs, droits ou plus ordinairement courbes. Quelques-uns sont distinctement formés d'une chaine de bacilles allongés. La coloration s'effectue aisément dans le bleu de méthyle.

CHAPITRE XII

Vibrio.

Les vibrions sont caractérisés par leur forme en bâtonnet. Ils ne sont jamais droits, mais plus ou moins contournés et sont doués de mouvements.

(*a*) *Vibrio rugula.* — Il a la forme de bâtonnets d'en-

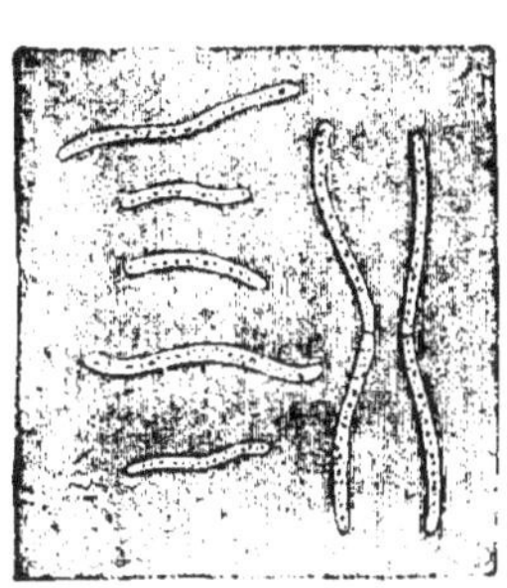

Fig. 91. Vibrio rugula
(d'après Cohn).

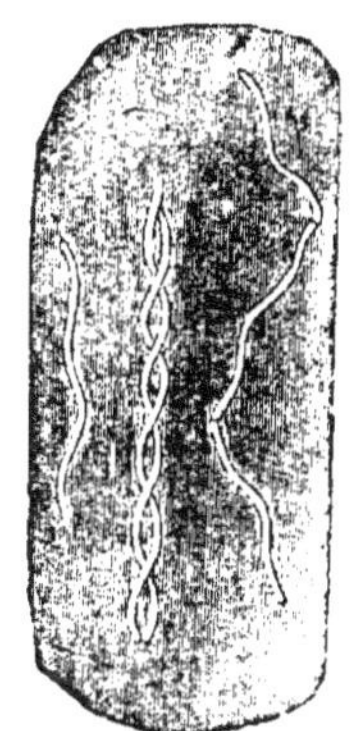

Fig. 92. Vibrio serpens isolé
(d'après Cohn).

viron 0,008 à 0,016 mill. de long, courbés en C ou en S. Les individus sont isolés ou accouplés deux à deux. Leur protoplasma est toujours légèrement granuleux. On les trouve dans les substances organiques en putréfaction, où ils forment souvent les masses continues, les individus s'entrelaçant dans tous les sens.

(*b*) *Vibrio serpens.* — C'est aussi un organisme septique beaucoup plus mince et plus long que le précédent, plus contourné et présentant en général la forme d'une double ondulation. Sa longueur varie entre 0,11 et

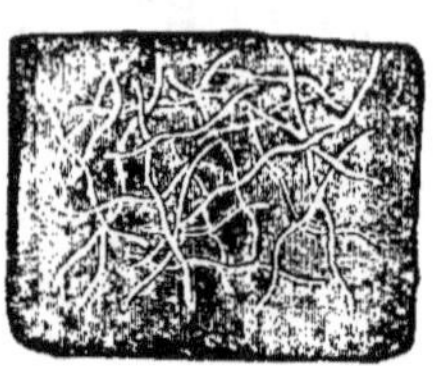

Fig. 93. Vibrio serpens en amas (d'après Cohn).

0,025 mill. Il est mobile et forme aussi des masses continues d'individus entrelacés en tous sens.

Plusieurs des bacilles pathogènes les plus longs, comme le bacille de l'anthrax, du charbon symptomatique, de la stomatite ulcéreuse, etc., offrent souvent des formes qui se rapprochent beaucoup de celles des vibrions.

CHAPITRE XIII

Spirobacterium (Spirillum)

Les spirilles sont des filaments spiralés, mobiles qui, grâce à leur forme, présentent, lorsqu'ils se meuvent, un mouvement en spirale. Ils sont probablement susceptibles de former de petites spores brillantes.

Fig. 94. Spirillum tenue.

1. Isolé.
2. En amas.

(D'après Cohn.)

1. *Spirilles septiques.* — Se rencontrent dans toutes scrtes de substances organiques en putréfaction et sont au nombre de trois espèces.

(a) *Spirillum tenue.* — Beaucoup plus petit et plus contourné que le vibrio serpens; ses spires sont plus serrées; sa longueur varie entre 0,002 et 0,005 millim.

Il forme souvent des masses homogènes feutrées et est doué de mouvement.

Parfois les spirilles s'unissent sur une grande longueur, deux, trois ou davantage formant une chaine

Fig. 95. Spirillum undula
(d'après Cohn).

Fig. 96. Spirillum volutans
(d'après Cohn).

dont les individus ne sont point disposés en série linéaire, mais en zigzag. Cette forme qui, en réalité, n'est pas une espèce spéciale de spirille est appelée par Cohn[1] *spirochæta plicatilis*. Le spirille trouvé dans le tartre des dents présente cette forme *spirochæta denticola*. Il existe néanmoins tous les passages entre un spirillum tenue isolé et un spirochæta. Dans les prépa-

1. *Beitræge zur Biologie d. Pflanzen*, vol. II.

parations colorées, la formation des spirochæta par quelques spirillum tenue est très distincte.

(*b*) *Spirillum undula.* — Il est beaucoup plus gros, plus court que le premier. Il existe toutes les formes intermédiaires entre celles qui n'ont qu'un demi-tour et

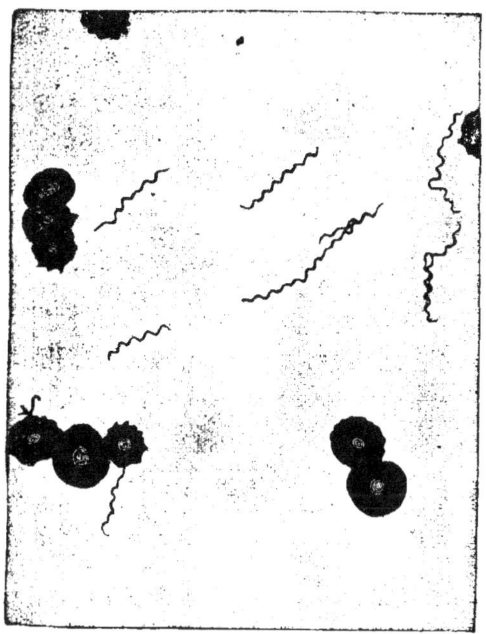

Fig. 97. Sang de la fièvre intermittente chez l'homme.
Globules sanguins et spirillum Obermeyeri. (D'après Koch.)

celles qui ont un tour entier de spire. Ce spirille est mobile et forme des chaines de deux ou plusieurs éléments, il se présente ainsi en masses continues englobées parfois dans une substance hyaline interstitielle.

(*c*) *Spirillum volutans.* — C'est le géant des spirilles. Il est long et gros avec un protoplasma granuleux; il a 0,025 à 0,03 millim. de long, et est mobile avec un flagellum à chaque extrémité.

2. *Spirilles chromogènes.*

(*a*) J'ai vu sur de la colle de pâte un spirille morphologiquement identique au spirillum undula ; il est d'une couleur œillet pâle ou rose[1] ; mobile et forme une sorte

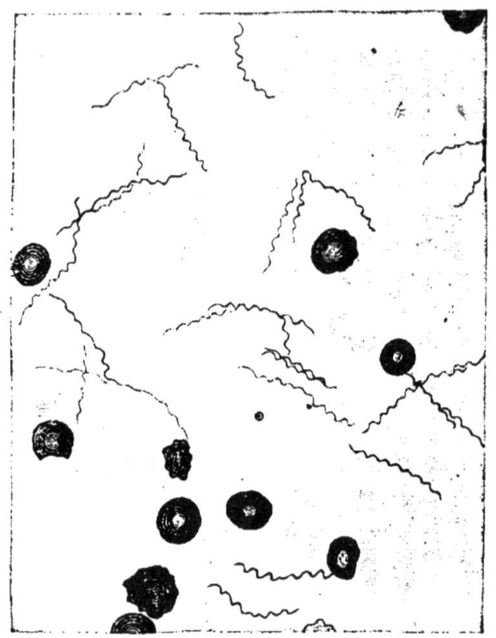

Fig. 98. Sang d'un singe inoculé avec le sang de la fig. précédente. Globules sanguins et spirilles. (D'après Koch.)

de zooglea à individus très rapprochés et produisant ainsi une couleur rose d'une teinte plus franche. L'on peut très bien apprécier cette couleur à l'œil nu lorsque ces spirilles sont en masses cohérentes.

(*b*) *Spirillum sanguineum* (*Ophidomonas sanguinea*,

---

1. *On a rose-coloured Spirillum.* (*Quar. Journ. of Micr. Sci.*, vol. XV. New Series.)

Ehr.). Cette espèce a été observée par Cohn et Warming[1] dans l'eau d'un marais. Elle est morphologiquement identique au spirillum volutans. Elle est mobile avec un flagellum à l'une de ses extrémités ou aux deux. Warming a quelquefois constaté deux ou trois flagellum à chaque extrémité. Elle a environ 0,003 millim. d'épaisseur. On trouve tous les passages entre les formes qui ont un demi-tour de spire et celles qui en ont deux et demi. Lankester a trouvé également la même espèce parmi ses bactéries couleur de pêche[2].

3. *Spirilles pathogènes*.

Spirillum Obermeyeri. — Observé dans la fièvre intermittente. Morphologiquement identique au spirillum tenue (au spirochæta plicatilis de Cohn). Il a été trouvé en grand nombre par Obermeyer[3] dans le sang de la circulation générale de malades atteints de fièvre intermittente.

Les spirilles disparaissent du sang pendant l'intervalle des accès et leur nombre décroit peu à peu. Ils sont mobiles; on les voit bien sur des spécimens de sang préparé d'après la méthode de Weigert et Koch, en desséchant le sang en mince couche et en le colorant avec le violet de méthyle ou le brun bismarck[4]. H. V. Carter[5] a réussi à reproduire la fièvre intermittente chez les singes par l'inoculation de sang humain contenant le spirillum Obermeyeri. Le sang du singe contenait alors un grand nombre de ces mêmes spirilles. Koch a cultivé artificiellement le spirillum Obermeyeri et l'a vu se développer en longs filaments spiraux[6].

---

1. *Beitræge zur Biologie d. Pflanzen*.
2. *Quaterly Journ. of Microscop. Science*, vol. XIII, New Series.
3. *Centralbl. f. med. Wiss.*, 10, 1873.
4. Weigert, *Deutsche med. Woch*, 1876: Heydenreich, Berlin, 1877.
5. *Lancet*, 1879, vol. I, p. 84; et 1880, vol. I, p. 662.
6. *Deutsche med. Woch*, 19, 1879.

CHAPITRE XIV

Levûres : Torulaceæ, saccharomyces.

Les levûres, torula (Pasteur) ou saccharomyces ne sont point des bactéries, mais appartiennent au contraire à un ordre tout à fait différent des champignons.

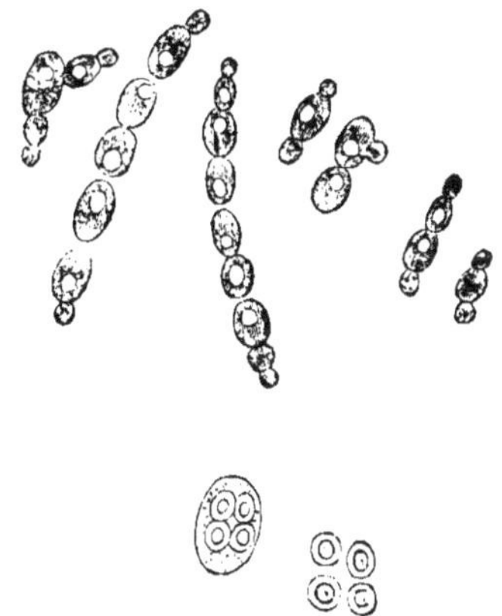

Fig. 99. Torula ou saccharomyces.
Au bas de la fig. se voient une *ascospore* et quatre spores isolées.
(D'après Rees.)

Elles consistent en cellules sphériques ou ovales beaucoup plus grosses que les plus gros micrococcus et comme dans ceux-ci, on y distingue une membrane et un contenu. Le contenu est un protoplasma homogène ou finement granuleux, dans le dernier cas on y trouve généralement une, deux ou plusieurs petites vacuoles.

Il existe une grande quantité d'espèces de torula différant morphologiquement les unes des autres, surtout par leur dimension et physiologiquement par leur action sur les différents liquides.

Ces cellules se multiplient par gemmation dans les milieux appropriés; une petite hernie apparaît sur le bord d'une cellule et s'accroit jusqu'à acquérir à peu près la taille de la première cellule ou cellule mère. El'es se sépare enfin complètement de celle-ci ou bien après avoir acquis son entier développement elle demeure fixée à la cellule-mère et chaque cellule en produit de nouveau une autre par bourgeonnement. Il se forme ainsi des agrégations de quatre, six, huit ou plusieurs cellules qui peuvent être disposées en chaine quand la production se fait en ligne droite, ou en groupe si le bourgeonnement a lieu latéralement.

Dans des conditions variables de développement, en transportant par exemple de la levûre ordinaire d'un liquide sucré sur la pomme de terre; quelquefois aussi pourtant dans le même milieu nutritif on voit quelques-unes des cellules de levûre prendre deux, trois fois ou davantage leur volume primitif; il parait ensuite dans leur intérieur par formation endogène deux, trois ou plusieurs petites cellules que l'on considère comme des spores[1] — la cellule-mère étant une *ascospore* — les spores deviennent libres par rupture de la membrane de la cellule-mère. En suivant le développement de ces nouvelles cellules dans les liquides sucrés, on les voit se multiplier par bourgeonnement.

Il existe diverses espèces de torula ou saccharomyces

1. T. de Seynes, *Comptes rendus,* 1866; Rees, *Bot. Zeitschr.,* 1869; Hansen, *Carlsberg Laborat.,* 1883.

classées par rapport à leur fonction physiologique. Elles ont toutes le pouvoir de transformer le sucre en alcool et en acide carbonique, mais elles ne le possèdent pas toutes au même degré.

(*a*) *Saccharomyces cerevisiæ* (*torula cerevisiæ*). — C'est le ferment habituellement employé pour la fabrication de la bière. Les individus adultes varient de 0,008 à 0,01 millim. en diamètre. Ils forment de très jolies chaines allongées et produisent des ascospores.

(*b*) *Saccharomyces vini*. — Très commun dans l'air et produit la fermentation alcoolique du jus de raisin. C'est le ferment propre du vin. Ses cellules sont elliptiques un peu plus petites que celles de l'espèce précédente. Il produit des ascospores.

(*c*) *Saccharomyces pastorianus* (Hansen). — Est de différentes espèces. Dans quelques-unes les cellules ont environ 0,002 à 0,005 millim. de diamètre, dans d'autres elles sont plus grandes. Les unes forment des ascospores, les autres n'en forment pas. On peut les trouver pour la plupart dans la fermentation du vin ou du cidre après l'action complète de la première fermentation alcoolique. Elles sont très communes dans l'air. J'ai observé un saccharomyces qui était contenu dans l'eau ordinaire sur un mélange nutritif solide (gélatine et bouillon). Il se développa abondamment et forma des groupes d'une couleur rose bien accentuée. Lorsqu'il se développait dans la masse il formait une torula incolore. Il ne présentait point d'ascospores et la multiplication s'effectuait seulement par bourgeonnement[1].

(*d*) *Saccharomyces mycoderma* (*mycoderma vini*). — Cette levûre forme l'écume ou la pellicule superficielle du vin, de la bière ou de la choucroute. Les cellules

---

1. *Quart. Journ. of Micr. Science*, 1883.

sont ovales et ont environ 0^m,006 de long et 0^m,003 de large. Elles forment des chaines. Les ascospores sont deux ou trois fois plus grosses. Cette levûre n'a aucun rapport avec la fermentation du vin et ne doit pas être confondue avec le *mycoderma aceti* [1] qui est une bactérie

Fig. 100. Saccharomyces mycoderma ou Oidium albicans.
(D'après Grawitz.)
Culture artificielle dans un milieu nutritif dilué.
d. Mycelium ramifié.
f. a. Torula.
f. β. Mycelium.

et qui est la cause efficiente de la fermentation acide du vin et de la bière.

Le saccharomyces mycoderma ne se développe pas bien dans l'intérieur des liquides, mais lorsqu'il est ensemencé dans un liquide à réaction acide et contenant seulement peu de sucre, Cienkowski a observé que les cellules s'allongent en éléments cylindriques. Chacun

1. Nægeli, voir chap. VIII, 2.

de ces éléments produit par bourgeonnement une nouvelle cellule qui s'allonge aussi, de sorte qu'il se forme
des séries linéaires de cellules cylindriques séparées
seulement l'une de l'autre par une mince cloison. Il se
constitue ainsi des masses de filaments qui ressemblent
beaucoup à un mycélium. Les cellules cylindriques
donnent naissance par bourgeonnement à des torula
sphériques et elliptiques.

Ce mode de développement dans lequel les cellules
torula sont susceptibles de former une sorte de mycelium, a été dernièrement appelé *oïdium* et de même que
l'oïdium albicans il est reconnu comme la cause des
aphtes, ces taches blanchâtres bien connues de tous,
qui se développent sur la muqueuse de la bouche et du
pharynx des enfants à la mamelle et des malades
affaiblis.

Grawitz [1] a prouvé par ses observations sur des cultures artificielles que ce champignon est identique à la
variété oïdium du saccharomyces mycoderma. Les
cellules sont sphériques ou cylindriques, les premières
ayant environ 0,003 à 0,005 de diamètre, les secondes
0,03 à 0,05 de long. Comme je l'ai dit plus haut, ce
champignon constitue des filaments mycéliens desquels
sortent par bourgeonnement latéral ou terminal des
cellules-torula sphériques ou ovales. Il forme aussi des
ascospores qui contiennent quatre ou huit spores.

1. *Virchow's Archiv*, vol. LXX.

CHAPITRE XV

Moisissures : Hyphomycètes ou Champignons à mycélium.

Dans cette classe de champignons ceux-là seuls intéressent le pathologiste qui, d'une manière ou d'une
autre se rattachent à une maladie. Ils consistent en filaments ramifiés et cloisonnés ou hyphes ; chaque filament
est composé d'une rangée de cellules cylindriques qui
consistent en une membrane et en un protoplasma transparent, les individus cellulaires étant séparés les uns des
autres par une mince cloison transversale. Leur nombre
s'accroît par division successive et la longueur des
filaments augmente ainsi. Les extrémités en voie de
développement des hyphes sont remplies d'un protoplasma non plus transparent mais fortement réfringent.
Quelques cellules, en bourgeonnant latéralement, produisent des filaments cylindriques qui se divisent en
séries de cellules cylindriques et celles-ci, par bourgeonnement et allongement, forment un nouveau hyphe.
Par l'entrelacement de leurs branches, les filaments
forment une sorte de feutrage appelé thalle ou mycelium. Les champignons à mycelium qui nous intéressent
appartiennent à l'ordre connu des botanistes sous le
nom d'*Ascomycètes*. Ils sont caractérisés par ce fait
que l'une ou l'autre branche des hyphes produit à son
extrémité une série de cellules sphériques ou ovales,

les *conidies*. De plus, quelques-uns des hyphes forment de grandes cellules-mères particulières ou sporanges, dans l'intérieur desquelles il se forme des spores par formation endogène. Quand les sporanges sont cylindriques ou en forme de massue, elles renferment huit

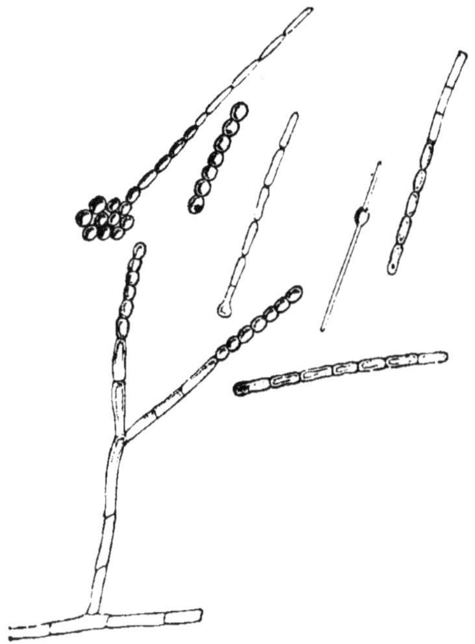

Fig. 101. Oïdium lactis.
Mycelium et spores.

spores et sont appelées *asques*: les spores étant des *ascospores*. Toutes les conidies ou spores se développent par bourgeonnement dans les filaments mycéliens qui se cloisonnent ou se subdivisent en une rangée de cellules cylindriques. Celles-ci occasionnent par leur division l'allongement des filaments mycéliens.

(*a Oïdium lactis*. — Le mycelium est ici composé de

filaments ramifiés et cloisonnés d'épaisseur variable. Certaines branches du mycélium à leur extrémité ou au niveau d'une cloison produisent par division une série de conidies sphériques ou ovales d'environ 0,007 à 0,01 millim. de long. Ces conidies deviennent libres ultérieurement et germent en courts filaments cylindriques qui se subdivisent par des cloisons transver-

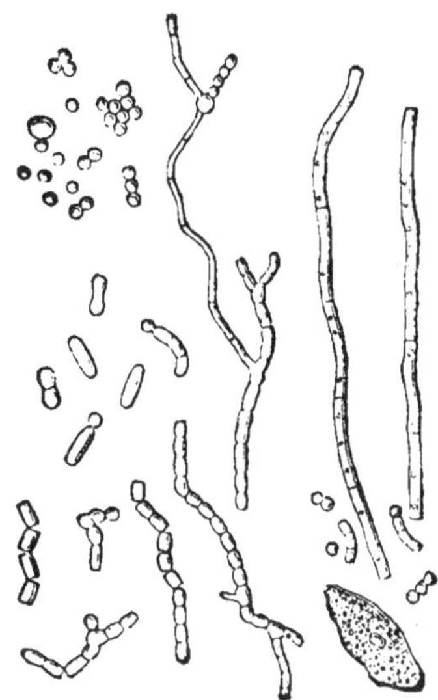

Fig. 102. Champignons du Favus (Neumann).

sales en séries de cellules cylindriques. Celles-ci par division répétée donnent naissance aux hyphes ordinaires cloisonnées. La formation de conidies s'effectue aux extrémités de ces hyphes de la même manière qu'auparavant. L'oïdium lactis forme une moisissure blanchâtre sur le lait, le pain, la colle de pâte, la pomme de terre, etc.

Le favus, l'herpès tonsurans et le ptyriasis versicolor de l'homme et des animaux seraient dus, d'après

les recherches de Grawitz[1], à un champignon morphologiquement identique à l'oïdium lactis. Dans le favus

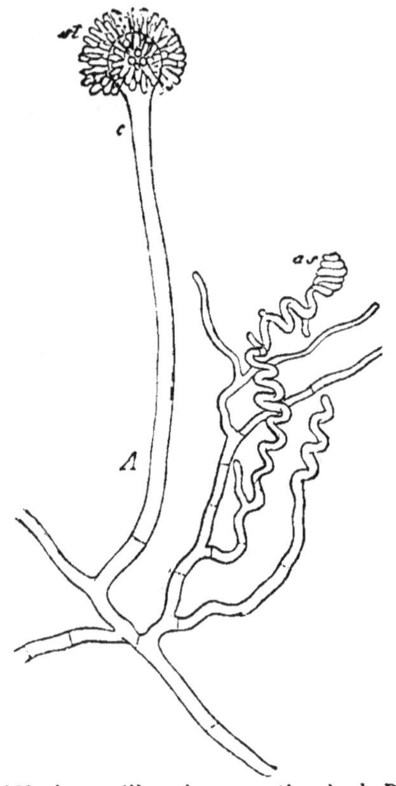

Fig. 103. Aspergillus glaucus. (D'après de Bary.)
A. Hyphe dont l'extrémité *c* supporte la basidie.
st. Basidie.
as. Ascogonium.

il est connu sous le nom de *Achorion Shœnleini*, dans
l'herpes tonsurans sous celui de *Trichophyton tonsurans*,
dans le ptyriasis versicolor sous celui de *Microsporon*

1. *Virchow's Archiv*, vol. LXX, p. 560.

furfur. Grawitz a démontré, par des cultures artificielles sur gélatine, que les conidies sphériques ou
ovales germent en filaments cylindriques plus ou moins
longs qui, par subdivision, forment des hyphes cloisonnés. Ceux-ci et leurs branches donnent à leur tour naissance à des spores ou conidies ovales ou sphériques.
Comme les hyphes, les spores varient de dimension
avec les espèces.

Malcolm Morris et G. C. Henderson [1] prétendent d'un

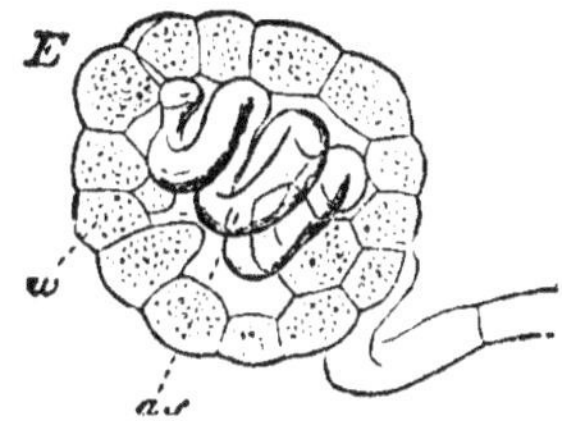

Fig. 104. Perithecium fortement grossi.
as. Ascogonium.
w. Cellules du pollinode.

autre côté que, par la culture artificielle des spores de
trichophyton dans la gélatine-peptone à des températures variant entre 15° et 25° C, celles-ci se développent en filaments mycéliens ramifiés et cloisonnés,
qui par leur mode de fructification paraissent être identiques au mycélium du penicillium. Voyez aussi Babes [2].

(*b*) *Aspergillus.* Certaines branches du mycélium de
ce champignon prennent une position verticale, sont
plus épaisses et seulement peu ou pas cloisonnées. A
leurs extrémités se forment des renflements en forme
de massue, sur lesquels se développent en rayonnant

1. *Journ. of the Roy. Micr. Soc.*, april 11, 1883.
2. *Archives de Physiologie*, 8, 1883, p. 466.

des cellules courtes et cylindriques des *basidies*. Ces basidies produisent à leur tour à leurs extrémités libres des chaines de spores sphériques ou conidies. Cette moisissure est très commune et, d'après les différences de coloration du mycélum et des spores, a formé différentes espèces. *A glaucus, candidus, flavescens, fumigatus,* etc.

Outre ce mode de sporulation (asexué) il en est un autre (sexué) qui d'après de Bary, consiste en ceci : certaines branches terminales du mycélium se contournent en spirale et sont considérées comme les organes femelles de fructification ou le *carpogonium*. Sur les mêmes filaments il se développe d'autres branches près du carpogonium; une de ses branches se soude avec la portion terminale du carpogonium appelée l'ascogonium, tandis que les autres branches, le *pollinode*, entourent le carpogonium comme une capsule, tout l'organe constituant alors un *perithecium*. Finalement l'ascogonium, par division répétée, donne naissance à un grand nombre de tubes ovales cloisonnés, sur lesquels paraissent par formation endogène de nombreuses spores.

Grohe[1] fut le premier à démontrer que l'introduction de spores de certaines espèces d'aspergillus dans le système vasculaire des lapins produisait parfois la mort avec des symptômes de métastase dans les différents organes dus aux foyers localisés dans lesquels les spores ont germé en produisant un mycélium. Lichteim[2] a démontré que ces moisissures de l'intérieur du corps des lapins ne pouvaient pas être produites par les spores de l'*aspergillus glaucus*, mais par celles de l'*A. flaves-*

---

1. *Berl. klin. Woch.*, 1883.
2. *Ibid.*, 9 et 10, 1882.

cens et *fumigatus*. Grawitz [1] a étudié plus attentivement
la question et a découvert que quelle que soit la manière dont les spores sont injectées dans le système
vasculaire ou dans la cavité péritonéale, il s'établissait
de petits foyers métastatiques dans les reins, le foie,
les intestins, les poumons, les muscles et parfois dans
la rate, les os à moelle, les ganglions lymphatiques, le
système nerveux et la peau. Ces petits foyers sont dus
au développement des spores en filaments mycéliens
avec des organes imparfaits de fructification, mais sans
sporulation. Grawitz pense que les spores des moisissures ordinaires (pénicillium et aspergillus) sont capables d'acquérir ces propriétés pathogéniques lorsqu'on
les cultive à de hautes températures (39° 40° C.), et dans
les milieux alcalins. Ces champignons, comme on le
sait, se développent bien à la température ordinaire et
dans les milieux acides, et sont alors inoffensifs quand
on les introduit dans le corps d'un animal. Ils pourraient
pourtant, par un acclimatement graduel à des températures plus élevées et dans des milieux alcalins,
acquérir des propriétés pathogéniques en devenant capables de résister à l'action des tissus vivants
et se développer dans leur intérieur. Cette manière
de voir a été reconnue fausse par Gaffky [2], Koch [3] et Le-
ber [4]. Ces spores qui montrent ces propriétés pathogènes ne proviennent pas du tout de l'acclimatement
et ne sont pas des moisissures ordinaires, mais bien
une espèce distincte d'aspergillus (Lichteim) qui se
développe bien à de hautes températures et dont les
spores, dans toutes les conditions de développement,

1. *Virchow's Archiv*, vol. LXXXI, p. 355.
2. *Mittheil. a. d. k. Gesundheitsamte*, 1880.
3. *Berl. klin. Woch.*, 1881.
4. *Ibid.*, 1882.

sont susceptibles de provoquer chez les lapins la mycose en question.

Fig. 105. Coupe du rein d'un lapin mort 36 heures après l'injection
de spores dans la veine ʲugulaire.

F. Globules graisseux.   T. Cristaux de Tyrosine.

Dans le haut de la figure se trouve un foyer metastatique composé
de spores et de mycelum d'aspergillus. A la partie inférieure
l'on voit les tubes urinifères et deux corpuscules de Malpighi.
(D'après Grawitz.)

(c) *Penicillium*. — Dans ce champignon, les hyphes
qui ne sont pas cloisonnés se développent hors du my-

célium. A l'extrémité de chaque filament s'élèvent comme les doigts de la main des cellules ramifiées courtes et cylindriques qui donnent naissance aux chaines de spores sphériques.

Les deux champignons ci-dessous appartiennent à l'ordre des champignons appelés *Phycomycetes*.

(*d*) *Mucor*. — Est caractérisé par ceci qu'il part du mycélium des hyphes qui ne sont point cloisonnés et à l'extrémité desquels se trouve une grande cellule sphérique, *sporange* dans laquelle, par formation endogène, paraissent de nombreuses spores sphériques. La paroi du sporange s'ouvrant, les spores deviennent libres.

(*e*) *Saprolegnia*. — Filaments tubulaires, incolores, formant des masses gélatineuses sur les animaux vivants et morts et sur les matières végétales dans l'eau douce. Les extrémités cylindriques ou renflées des filaments (zoosporanges) forment dans leur intérieur de nombreuses spores sphériques ou ovales (zoospores) douées de mouvement, munies d'un flagellum à chaque extrémité et qui s'échappent des filaments. Ces zoospores s'entourent au bout d'un certain temps d'une membrane et finalement constituent des masses cylindriques qui se transforment de nouveau en mycelium. En outre de ce mode de reproduction asexuée il en est un second qui consiste en ceci : a l'extrémité d'un filament mycélien apparait une cellule qui forme une grosse boule sphérique, *l'oogone*. Sur le même filament et près de l'oogone se développent de minces filaments, les anthéridies, qui se fusionnent avec le protoplasma de l'oogone. Ce dernier se différencie ensuite en un grand nombre de masses sphériques, les oospores qui s'entourent d'une membrane. Ces oospores devenus libres germent en donnant naissance à un mycélium. Les saprolegnia se développent sur la peau des poissons vivants et leur occasionnent de graves maladies souvent terminées par la mort. C'est ainsi que la maladie du

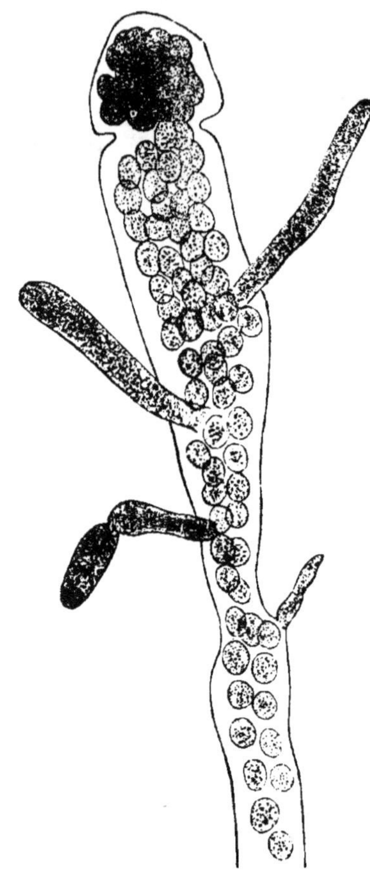

Fig. 106. Saprolegnia de la maladie du saumon.
Sporange rempli de zoospores. On y voit aussi quelques jeunes filaments mycéliens.

saumon, comme l'a démontré Huxley [1] est causée par ce parasite. D'après Huxley les zoospores de cette sapro-

1. *Proceedings of the Roy. Micr. Soc.*, n° 219, 1882.

legnia du saumon ne seraient point ordinairement mobiles. Les hyphes du champignon traversent l'épiderme aux parties malades du saumon et demeurent dans la couche superficielle du derme, une partie étant située dans l'épiderme et une partie dans le derme.

Chacun des filaments s'allonge et se ramifie. « Les extrémités libres des hyphes s'élèvent sur la surface de l'épiderme et se transforment en zoosporanges ; un nombre plus ou moins grand de spores s'attachent à l'épiderme environnant et recommencent le processus de pénétration. » Dans la saprolegnia de la maladie du saumon Huxley n'a observé que le mode asexué de fructification.

CHAPITRE XVI

Actinomyces.

Il existe chez le bétail une maladie mortelle caracte-
risée par la présence de nodules solides de grandeurs
variées, dus au développement de petites cellules.
Dans le centre de ces nodules se trouvent des amas
serrés de corpuscules particuliers réunis ensemble
— *actinomyces* — et rayonnant d'un centre solide homogène auquel ils sont fixés par des prolongements
filiformes plus ou moins longs, simples ou ramifiés.
Chacun de ces actinomyces paraît homogène et possède
un éclat légèrement verdâtre. Ces masses ont été
appelées *actinomyces* et la maladie à laquelle elles se rattachent *actinomycose*. Chez les bestiaux la maladie se
manifeste par des tumeurs solides dans les gencives,
dans les alvéoles des dents et spécialement par un gonflement énorme et une induration de la langue. Des
coupes à travers ce dernier organe permettent de voir
dans toute son épaisseur des tumeurs microscopiques
dues à des amas de petites cellules. Au milieu de
chaque tumeur est un amas d'actinomyces. Cet amas
est entouré d'une zone de cellules assez grandes avec
un ou quatre noyaux. La périphérie de la tumeur est
formée d'une capsule fibreuse avec des cellules en
fuseau. L'on trouve aussi parfois des tumeurs dans la
peau et dans le poumon. Elles paraissent dans ce der-

nier organe sous forme de nodules blanchâtres que l'on

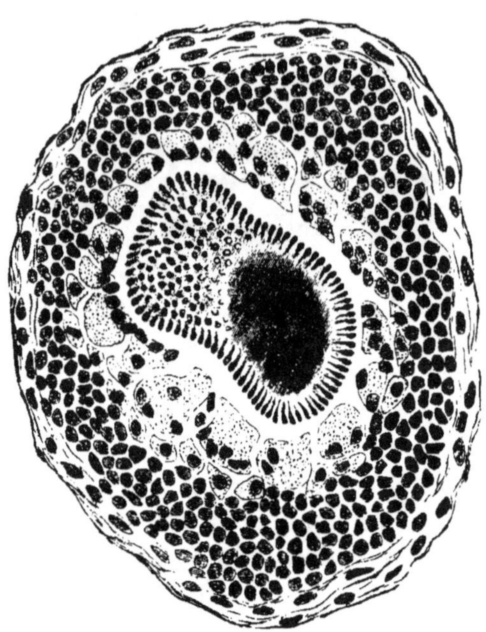

Fig. 107. Coupe de la langue d'une vache morte d'actinomycose.
L'on voit un nodule composé de cellules arrondies ; au centre est
l'amas d'actinomyces entouré de grandes cellules transparentes.
Grossissement : 350.

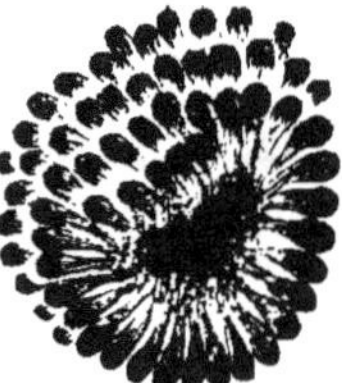

Fig. 108. Amas d'actinomyces, plus fortement grossi : 700.

pourrait aisément confondre avec des tubercules [1]. Bol-

1. Pflug, *Centralbl. f. med. Wiss.*, 14, 1882 ; Hink, *ibid.*, 46, 1882.

linger à décrit le premier celte maladie chez le bétail[1]. Israël[2] fut le premier à décrire une maladie de l'homme caractérisée par des abcès métastatiques dont l'origine semble être dans un abcès des gencives et qui se trouvent dans différents organes internes. Ces abcès sont dus à la présence d'un champignon qui a été plus tard identifié aux actinomyces et Ponfick[3] a nettement démontré que cette maladie n'est pas rare chez l'homme.

Après de sérieuses observations, Johne[4] a pu transmettre la maladie d'animal à animal par inoculation mais non par ingestion. Il a trouvé[5], aussi sur trente et un porcs sains qu'il a examinés, les actinomyces présents chez trente d'entre eux dans les cryptes des amygdales.

Israël[6] a réussi à inoculer la maladie à un lapin en introduisant dans sa cavité péritonéale un fragment d'une tumeur d'actinomycose prise chez l'homme.

Tout récemment, R. Virchow[7] en collaboration avec Israël et Duncker a reconnu que le porc présentait parfois des nodules calcaires blanchâtres plus gros que ceux de la trichine et contenant dans leur intérieur des actinomyces.

O. Israël[8] dit avoir réussi des cultures artificielles d'actinomyces sur le sérum de bœuf solidifié. Dans les milieux liquides le développement ne s'effectue pas bien, car les corpuscules de l'actinomyces se gonflent et cessent de vivre.

1. *Ibid.*, 27, 1877.
2. *Virchow's Archiv*, vol. LXXIV et LXXVIII.
3. *Die Actinomykose des Menschen*, Berlin, 1881.
4. *Deutsche Zeitschr. f. Thiermedicin*, VII, 1881.
5. *Centralbl. f. med. Wiss.*, 15, 1881.
6. *Ibid.* XXVII, 1883.
7. *Virchow's Archiv*, vol. XCV. p. 544.
8. *Ibid.* vol. XCV, p. 142.

CHAPITRE XVII

Rapports des organismes septiques et des organismes pathogènes.

Aucune question ne présente plus d'intérêt au pathologiste et à la commission sanitaire que celle de la
relation des organismes septiques avec les organismes
pathogènes. Pour le pathologiste l'histoire de la vie des
micro-organismes hors du corps animal et dans son
intérieur doit toujours demeurer un champ ouvert aux
recherches ; pour la commission sanitaire toutes les
conditions touchant la vie et la mort de ces organismes qui occasionnent les maladies infectieuses ou du
moins qui leur sont intimement liées, telles que leur
distribution et leur développement hors du corps animal, les agents qui leur sont favorables ou défavo-
rables, sont des points que l'on doit considérer d'une
façon particulière lorsqu'on étudie l'extension et la pré-
vention des maladies infectieuses. L'on sait maintenant que pour la plupart des micro-organismes, tant
ceux qui se rattachent aux processus de la fermentation
que ceux qui se rapportent aux maladies infectieuses,
la température, le milieu dans lequel a lieu le développement, la présence ou l'absence de certains composés
chimiques sont susceptibles de les influencer. Je n'ai
pas l'intention d'énumérer ici tout ce qui est déjà connu
par l'expérimentation directe, je me contenterai seu-

lement de rappeler les recherches de Schrœter, de Cohn et de Wernick sur ce groupe de micro-organismes connu sous le nom de bactéries chromogènes c'est-à-dire les bactéries qui dans certaines conditions seulement de température et de terrain notamment produisent des pigments définis (Cohn's, *Beitraege zur Biologie d. Pflanzen*), je citerai aussi les travaux de Hausen (Laboratoire de Carlsberg) sur la lévûre, ceux de Neelsen sur les bacilles du lait bleu, bacillus syncyanus (*Beitr. zur Biol. d. Pflanzen*, III, 2, p. 181), ceux de Toussaint, de Pasteur, de Chauveau, de Koch et autres auteurs sur le bacillus authracis, d'Arloing, de Thomas et de Cornevin sur le bacille du charbon symptomatique, de Koch sur le bacille de la tuberculose, d'Israël sur les actinomyces et beaucoup d'autres encore. Je me rapporterai enfin particulièrement aux nombreuses et importantes considérations exposées à ce sujet par Nægeli dans son livre, *Die niederen Pilze*. München, 1877 et 1882.

Bien qu'il résulte de ces observations que les organismes septiques aussi bien que les organismes pathogènes sont susceptibles d'éprouver diverses modifications dans leur constitution morphologique et physiologique, l'on en est encore cependant à se demander si un organisme qui dans les conditions ordinaires n'a de rapport qu'avec les phénomènes de putréfaction des matières organiques mortes, et qui ne peut dans ces conditions croître et se multiplier dans un corps vivant peut, sous l'influence de certaines circonstances extraordinaires, acquérir la propriété de se développer dans le corps d'un animal vivant et d'y occasionner une condition pathologique donnant lieu à une maladie infectieuse.

Trois microbes septiques distincts ont, après de nom-

breuses expériences et des observations soigneuses, été
mentionnés comme pouvant acquérir des propriétés
pathogéniques lorsqu'ils se développent dans certaines
conditions extraordinaires. Ces trois organismes sont :
(*A*) le bacille commun de l'infusion de viande qui,
d'après Buchner, peut se transformer en bacillus anthracis ; (*B*) un bacillus subtilis présent dans l'air qui, bien
qu'absolument inoffensif par lui-même peut, lorsqu'il
se développe dans une infusion de graines d'*Abrus
precatorius*, devenir capable de causer une ophtalmie
grave (Sattler); (*C*) une moisissure commune, un aspergillus qui, inoffensif par lui-même peut, selon Grawitz,
lorsqu'il se développe sur un milieu neutre ou alcalin à
la température du corps (38°), acquérir des propriétés
très nuisibles et produire par inoculation la mort chez
les lapins avec métastase d'aspergillus et de ses spores
dans les différents organes internes.

Il existe dans l'histoire des micro-organismes d'autres
cas dans lesquels on a supposé une telle transformation, mais sans aucune preuve expérimentale, et
pour cette raison nous ne nous en occuperons pas
davantage.

Passons donc successivement en revue les trois cas
énumérés plus haut :

(*A*) le Dr Hans Buchner, dans une note fort importante
à plusieurs points de vue *Ueber d. experim. Erzeu-
gung des Milzbrandcontagiums*, etc., » publiée dans le
*Sitzungsberichte d. math. physik. classe d. k. Bair, Aka-
demie d. Wiss.* 1880, heft III, p. 369, déclare qu'il a
réussi à transformer le bacille ordinaire de l'infusion
de viande en bacillus anthracis.

Le bacille de la viande et le bacillus anthracis se rattachent tous deux morphologiquement à la forme que
Cohn a appelée bacillus subtilis.

Ils ne sont pourtant pas tout à fait identiques au point de vue morphologique. Le bacille de la viande est un petit bacille cylindrique ou en bâtonnet qui par allongement et division constitue des chaines, puis des filaments exactement comme le bacillus anthracis mais chez ce dernier les bacilles et leurs filaments sont composés d'éléments cubiques comme on peut le voir sur des préparations colorées et comme on l'a déjà vu dans un précédent chapitre tandis que chez ceux du bacille de la viande les éléments sont en bâtonnets ou en cylindres. J'ai vu cependant beaucoup de bacilles courts de la viande qui par l'étranglement résultant de la division paraissaient comme deux éléments courts et cubiques placés côte à côte. L'on admet généralement que dans le bacille de la viande, les bâtonnets sont toujours arrondis à leurs extrémités tandis que celles des bacillus anthracis sont comme tronquées. Ce n'est point là une règle générale car j'ai vu dans des cultures, des bacillus anthracis avec des extrémités très distinctement arrondies. Pour parler d'une façon générale, le bacille de la viande est un bâtonnet plus distinctement arrondi à ses extrémités que le bacillus anthracis qui ne l'est point autant.

Le bac. anthracis est un peu plus épais que le bacille de la viande. Dans les cultures artificielles faites dans du bouillon neutre il est environ trois fois plus épais que le bacille de la viande développé dans le même liquide et lorsqu'ils se développent tous les deux dans des infusions de viande neutralisées ils sont nettement différents l'un de l'autre et peuvent se distinguer facilement. Le bacille de la viande ayant environ la moitié de l'épaisseur de celui de l'anthrax. Dans les préparations colorées également le dernier est composé de belles rangées de cellules cubiques tandis que le premier consiste seulement en cylindres.

A vrai dire le bacillus anthracis n'est pas toujours de même grosseur car j'ai fait voir que, lorsqu'il se développe dans un bouillon de porc neutre, il est réellement plus épais que dans le sang d'un animal mort de l'anthrax. De même, dans le sang d'animaux différents, le bacillus anthracis varie légèrement d'épaisseur, car dans le sang du cochon d'Inde il est légèrement plus épais que dans celui du lapin ou du mouton.

Le bacille de la viande est mobile, muni d'un flagellum, doué par conséquent de mouvement; le bacillus anthracis est immobile. Je sais fort bien que Cossar Ewart (*Quaterly Journal of microscopical science*, avril 1878) prétend avoir observé que dans une préparation chauffée artificiellement sur le microscope, le bacillus anthracis, d'abord immobile, pouvait acquérir le mouvement, et que à une ou aux deux extrémités se développe un flagellum, mais cette observation est inacceptable, car Ewart ne s'est mis en garde en aucune manière contre l'introduction accidentelle des bacilles septiques dont la plupart sont doués de mouvement. Il dit en outre de ces bacilles qu'il représente comme les bacilles de l'anthrax, qu'ils sont réunis l'un à l'autre par deux minces filaments et qu'ils se séparent probablement ensuite, chacun gardant un filament qui est un flagellum. Mais ces observations pour tant qu'elles se rapportent au bacillus anthracis sont susceptibles d'une interprétation tout à fait différente. Dans n'importe quelle préparation de sang et dans n'importe quelle culture artificielle, l'on peut voir des bacilles dans lesquels le protoplasma manque à certaines places ce qui, comme je l'ai démontré, est un phénomène de dégénérescence. A ces endroits on ne voit plus que la membrane d'enveloppe vide et naturel-

lement dans les préparations fraiches, celle-ci donne
l'aspect de deux masses protoplasmiques réunies par
deux minces filaments ; la membrane étant transparente,
on n'en voit que la coupe optique.

En aucun cas, le bacillus anthracis n'a été observé à
l'état mobile. J'ai examiné des centaines de préparations
de bacillus anthracis à l'état frais, dans le sang et dans
les cultures artificielles, et je n'ai jamais vu rien qui ait
pu modifier mon opinion.

En ce qui concerne les spores, elles sont de même
aspect et de même dimension chez les deux sortes de
bacilles. Dans les cultures prospères, les filaments
forment dans les deux cas les mêmes amas plus ou
moins entrelacés et contournés, mais dans certaines
cultures du bacillus anthracis, faites dans le bouillon et
dont le développement est limité au fond du liquide, les
entrelacements des filaments sont plus prononcés et
ressemblent à des câbles.

Le bacille de la viande étant doué de mouvement,
toute culture le contenant est uniformément trouble par
suite de la propriété qu'ont les bacilles de s'y répandre.
Après un jour ou deux de séjour à l'étuve à 35° C.,
ils forment sur la surface du liquide une pellicule qui
s'étend et s'épaissit de plus en plus. Cette pellicule est
composée d'une feutrage serré de filaments bacillaires
dans lesquels on voit des spores.

Lorsqu'on agite le liquide, la pellicule tombe au fond
et si le milieu n'est pas encore épuisé, il se forme une
nouvelle pellicule de même nature.

Dans aucune culture de bacille de la viande on
n'observe ces amas touffus, blanchâtres et transparents
qui se voient dans les cultures de bacillus anthracis au
fond des flacons et qui ont été si soigneusement décrits
par Pasteur.

Les deux espèces de bacille, celui de la viande et celui
de l'anthrax liquéfient la gelatine et ses mélanges ;
cultivés dans le bouillon de bœuf d'abord incolore, ils
lui communiquent une teinte ambrée, puis brune.

Le bacille de la viande se développe bien dans les
solutions acides ainsi que dans une infusion de viande
à réaction nettement acide. Le bacille de l'anthrax bien
que pouvant se développer un peu dans l'infusion acide
de viande ne tarde pas à y dégénérer. Il se développe
bien mieux dans les solutions neutres. Le bacille de la
viande se développe également très bien dans les
solutions neutres.

Büchner prétend que par des cultures successives du
bacillus anthracis *dans les milieux nutritifs variés*, il a
pu le voir revêtir graduellement les caractères du
bacille de la viande. Ainsi il dit que son mode de développement change graduellement, formant d'abord, comme
le bacillus anthracis type, des amas blanchâtres et
touffus au fond du milieu de culture, il montre une
tendance graduelle à se rapprocher du verre et de la
surface du liquide et à former une sorte de pellicule
exactement comme le bacille de la viande. Je considère
cela comme une interprétation erronée d'un fait fort
simple et très facilement explicable. Il n'est point
besoin pour cela de toutes les générations successives
de bacillus anthracis dans lesquelles Büchner dit avoir
effectué cette transformation, il suffit d'en avoir seulement deux dans lesquelles le bacillus anthracis se
développe bien, mais qui possèdent seulement une
pesanteur spécifique différente. Que Büchner fasse
comme j'ai fait, qu'il prenne deux tubes à essai contenant tous les deux du bouillon stérile mais concentré
dans l'un et dilué dans l'autre ; qu'il ensemence les deux
tubes avec les bacilles pris dans le même sang, celui d'un

cochon d'Inde mort de l'anthrax, par exemple, et qu'il mette les tubes à l'étuve à la température de 35°-42° C. Après deux ou trois jours, au troisième jour plutôt, il remarquera cette grande différence dans l'aspect des cultures qu'il considère comme indiquant un changement dans les caractères physiologiques du bacille. Le tube à essai contenant le bouillon dilué montre les amas touffus caractéristiques au fond du liquide ; dans le second tube au contraire contenant le bouillon concentré on voit très nettement une pellicule. Qu'il prenne maintenant une gouttelette de ce second tube et qu'il ensemence deux autres tubes contenant comme précédemment l'un du bouillon concentré et l'autre du bouillon dilué. Après deux ou plusieurs jours d'incubation il trouvera exactement les mêmes différences qu'auparavant.

Büchner prétend que le bacillus anthracis, transporté de culture en culture à la température de 35°-37° C. perd graduellement ses propriétés pathogènes. Je me suis déjà fort étendu sur ce sujet dans mon rapport pour 1881-82 et j'attache entièrement à cette assertion la même valeur qu'aux autres observations du même auteur. J'ai fait voir qu'en supposant même que Büchner ait eu dans toutes ses cultures le vrai bacille de l'anthrax son assertion ne prouverait encore rien, car ainsi que l'a fait remarquer Koch dans sa critique des travaux de Büchner (*Mittheilungen aus dem k. Gesundheitsamte*, Berlin, 1881, Bd I), Büchner n'ayant essayé ses cultures que sur des souris blanches a commis une grave erreur ; j'ai démontré en effet (Rapport pour 1881-82) qu'une culture de bacillus anthracis pouvait devenir absolument inoffensive pour les souris blanches tout en gardant ses propriétés nocives vis-à-vis des autres animaux. En fait, le résultat obtenu par Büchner ne demande pour être

complet qu'une seule culture, pourvu que celle-ci soit
gardée pendant quelques jours ou quelques semaines
sans aucune sporulation comme cela a été le cas dans
les expériences de cet auteur.

En ce qui concerne l'assertion de Büchner que par
des cultures successives de bacillus anthracis à 35°-37° C.
celui-ci revêt les caractères morphologiques et physiologiques du bacille de la viande, je partage l'avis de
Koch et considère cette opinion comme absolument
erronée. Si les cultures sont absolument exemptes de
contamination, il ne se produit absolument rien de
semblable. J'ai effectué des cultures pendant plusieurs
années sans jamais l'avoir observé. Il est donc clair que
si par une contamination accidentelle quelconque en
ensemençant un tube, un bacille mobile septique et non
pathogène ou une de ses spores dont l'air fourmille, s'y
introduit, toutes les nouvelles cultures dérivant de ce
tube contaminé contiendront ce bacille et comme il se
développe plus vite et plus facilement que le bacillus
anthracis, les nouvelles cultures s'appauvriront en
bacillus anthracis, et l'on ne trouvera plus que le bacille
non pathogène mobile. Cette critique a été adressée par
Koch aux expériences de Büchner et je m'y rattache
entièrement.

Mais il existe encore une observation beaucoup plus
sérieuse de Büchner, sérieuse parce que si cela se passe
ainsi dans la nature, il est terrible de considérer de
quelle abondance de bacilles de l'anthrax sont entourés
les hommes et les animaux. Il prétend avoir réussi à
transformer le bacille de la viande en bacille de l'anthrax
en transportant le premier pendant plusieurs générations dans des milieux de cultures variés. Il est inutile
d'exposer ici en détail toutes les expériences de Büchner,
car je n'y attache pas grande importance et je ne m'en

serais pas beaucoup occupé si l'on ne trouvait dans la littérature mycologique et surtout de la part des botanistes une certaine croyance à cette assertion de Büchner que le bacille de la viande peut se transformer en bacillus anthracis. (Voyez : *Zopf. Die Spaltpilze*, Breslau, 1883.)

J'ai répété ces expériences sur des lapins, des cochons d'Inde et des souris blanches. J'ai cultivé le bacille de la viande dans les différentes sortes de bouillon, dans les mélanges de gélatine et de bouillon, dans le liquide de l'hydrocèle, dans la peptone, le mélange d'agar-agar et de peptone, à des températures variant entre 30° et 38° C., et je ne l'ai jamais vu manifester la moindre tendance à modifier ses caractères morphologiques ou à revêtir les caractères morphologiques et physiologiques du bacillus anthracis. Je considère cela comme une parfaite utopie et je ne doute pas qu'on n'essaie bientôt aussi de transformer le bulbe de l'oignon commun en celui de la vénéneuse colchique.

Mais Büchner prétend qu'avec ses cultures de bacille de la viande transportées pendant plusieurs générations dans des milieux variés il a inoculé des souris blanches qui sont mortes en présentant les symptomes de l'anthrax et dont le sang contenait le bacille caractéristique de cette maladie. Je ne doute pas un instant que ces souris ne soient mortes de l'anthrax après l'inoculation des cultures de bacille de la viande, mais je récuse l'admissibilité de son interprétation. Je crains qu'une contamination accidentelle de la culture du bacille de la viande par les spores du bacillus anthracis ne soit intervenue et n'ait faussé l'observation. L'on verra par les exemples cités plus bas comme il arrive facilement qu'un milieu infectieux de culture soit envahi par des germes infectieux étrangers.

L'on admet maintenant partout que les résultats obtenus par Villemin en produisant ce qu'on appelle la tuberculose artificielle chez le cochon d'Inde, par l'inoculation sous-cutanée de matières caséeuses provenant de la tuberculose de l'homme ou du bœuf ou d'un cochon d'Inde atteint de tuberculose artificielle, ne peuvent s'obtenir par un aucun autre moyen. On ne peut obtenir ces résultats avec le pus ordinaire caséeux et non tuberculeux ou toute autre sorte de pus, l'on n'y arrive pas non plus comme le pensaient Wilson Fox et Sanderson par des sétons qui occasionnent une inflammation caséeuse chronique de la peau du cochon d'Inde, ni par une irritation mécanique continue ainsi que l'ont cru Cohnheim et Fraenkel en introduisant dans la cavité péritonéale des fragments de gutta-percha ou d'autres substances susceptibles de produire une péritonite chronique. Mais, comme l'établit nettement maintenant Cohnheim, la tuberculose ne peut être produite que par une matière dérivant d'une source tuberculeuse, et toute matière produisant cette tuberculose dérive d'une source tuberculeuse. Après les importantes expériences exécutées par le Dr Dawson Williams et d'après lesquelles l'inflammation chronique de la peau du cochon d'Inde occasionné, par les sétons n'est dans aucun cas suivie de tuberculose, le Dr Wilson Fox a reconnu que dans ses expériences précédentes il devait s'être glissé quelqu'erreur dans l'emploi des matériaux. Cohnheim l'a également reconnu. Il est clair que ces observateurs, travaillant en même temps avec des matières tuberculeuses doivent avoir, dans le cours de leurs expériences avec les premières substances éprouvé une contamination accidentelle par les dernières et qu'il en est résulté que les cochons d'Inde inoculés avec la matière non tuberculeuse, ont contracté cependant la tuberculose. Le Dr Williams, opérant seulement sur de la matière non tuberculeuse et n'ayant pas par conséquent de contamination à redouter, n'en a pas eu en effet. Ceci nous montre combien il est dangereux pour la sûreté des résultats de travailler dans un laboratoire avec différentes matières infectieuses en même temps.

J'ai moi même éprouvé des effets très curieux à ce propos. Pendant l'année passée j'ai vu se produire les cas suivants de contamination accidentelle. Je travaille dans le laboratoire de la « Brown Institution » qui se compose d'une suite de cabinets. Bien que travaillant en grand sur l'anthrax, je me limite généralement à un seul cabinet. Un de mes amis injectant un jour dans la veine d'un cochon d'Inde du sang d'un chien atteint de la maladie des jeunes chiens vit, à son grand désappointement, mourir le cochon d'Inde deux jours après en présentant tous les symptômes de l'anthrax. Le sang de cet animal renfermait les bacilles caractéristiques de cette maladie. La seringue hypodermique employée pour faire l'injection n'avait point été employée auparavant par moi dans mes expériences sur l'anthrax, puisque je ne me sers jamais de cet instrument pour mes inoculations mais seulement de pipettes de verre récemment étirées en pointes fines. L'expérience avait été faite dans le cabinet attenant au mien, mais j'avais sur mon vêtement habituel une certaine quantité de bacilles et de spores de l'anthrax, de sorte qu'il devait y avoir un bon nombre de ces spores répandues sur les tables et le parquet et qui devaient s'être mélangées aux poils du cochon d'Inde au moment de l'expérience.

Un autre opérateur travaillant dans le laboratoire de la « Brown Institution » inocula quelques cochons d'Inde avec des tubercules pris chez l'homme. Pour cela il mélangea dans un mortier propre de la solution saline et un fragment de poumon humain contenant des tubercules. Il opéra dans mon cabinet, sur la même table où je faisais mes expériences sur l'anthrax. Un des cochons d'Inde inoculés avec le tubercule mourut de l'anthrax après le second jour. Son sang contenait le bacillus anthracis. Quelque temps après le même fait se reproduisait sur un autre cochon d'Inde inoculé avec de la matière tuberculeuse. L'on avait toujours employé pour les inoculations des pipettes capillaires récemment étirées et tous les instruments avaient été soigneusement flambés avant l'inoculation.

J'ai moi-même éprouvé les contaminations accidentelles suivantes : un cochon d'Inde avait été inoculé avec une culture de bacillus anthracis qui ne devait point produire la maladie, la culture ne pouvant plus en fournir de nouvelles par suite de la dégénérescence des filaments bacillaires. L'animal resta en effet en bonne santé. En l'examinant quelques semaines après, quelle ne fut pas ma surprise de trouver à l'endroit de l'inoculation les lymphatiques inguinaux fortement gonflés et remplis de pus caséeux. L'on tua l'animal qui fut reconnu atteint d'une tuberculose générale, la matière caséeuse de tous ses organnes contenant des bacilles de la tuberculose. Comparant mes notes sur cet animal avec celles de mon ami Lingard, nous découvrimes que le jour même où j'avais inoculé l'animal avec ma culture d'anthrax, nous avions inoculé quelques cochons d'Inde avec la matière tuberculeuse. Cette matière tuberculeuse avait été préparée dans le même cabinet où j'avais préparé mes cultures d'anthrax, mais nous nous étions servis d'instruments différents.

Un lapin avait été inoculé avec une culture de bacillus anthracis de laquelle je n'attendais aucun effet. L'animal

ne contracta pas l'anthrax mais mourut quatre semaines
après avec des symptomes extrêmement bien marqués
de tuberculose, et de fait c'est le cas le mieux marqué
que j'ai jamais vu. Les deux poumons, la rate, le foie
et les reins étaient affectés. Les tubercules contenaient
les bacilles caractéristiques.

Dans ce cas là aussi l'on avait inoculé en même temps
des matières tuberculeuses alors que je croyais n'avoir
injecté qu'une culture de bacillus anthracis.

Je pense que tous ces faits prouvent indubitablement
qu'en travaillant avec deux sortes de matières conta-
gieuses dans le même laboratoire et en même temps,
il n'est pas rare de voir survenir des contaminations
accidentelles. Cette remarque s'applique aussi justement
aux travaux de Büchner. Büchner travaillait en grand
sur le bacille de l'anthrax dans le même laboratoire et en
même temps il obtenait des cas d'anthrax sur des souris
qu'il croyait avoir inoculées avec des cultures de bacilles
de la viande. C'était probablement aussi le résultat d'une
contamination accidentelle. Büchner lui même a expérimentalement démontré que le virus de l'anthrax peut,
sous forme de spores, produire la maladie par simple
aspiration, c'est donc là un autre argument contre les
résultats positifs qu'il avait obtenus. Je suppose que
ces cultures de bacilles de la viande étaient réellement
exemptes de spores de bacillus anthracis, mais puisque
ces cultures de bacillus anthracis avaient probablement
été contaminées par des bacilles de la viande, je ne
vois pas pourquoi un de ces tubes qu'il croyait ensemencés par des bacilles de la viande n'aurait pas été
contaminé par des spores de bacillus anthracis dont il
devait y avoir un grand nombre dans l'air du laboratoire.

Si Büchner nous démontrait que dans un laboratoire

dans lequel depuis fort longtemps on n'aurait effectué
ni culture d'anthrax ni examen d'animaux morts d'anthrax, ni examen de bacilles de l'anthrax, une culture
de bacille de la viande produisait une matière susceptible d'occasionner cette maladie, je consentirais peut-
être à admettre la transformation de bacilles de la viande
en bacilles de l'anthrax. Une telle question est de la
dernière importance et la preuve doit en être indis-
cutable. Il ne peut y avoir là une chance d'erreur. Le
professeur Büchner n'a point donné cette preuve, je ne
puis donc admettre son interprétation.

(*B*). Le second cas dans lequel la transformation d'un
bacille septique ordinaire en bacille pathogène a été
expérimentalement reconnue, ou pour mieux dire a prétendu être reconnue, est celui du bacille du *jequirity*. En
1882, M. L. de Wecker, ophtalmologiste parisien bien
connu, appela l'attention sur la valeur thérapeutique
des graines ou des gousses de l'*abrus precatorius*
légumineuse commune dans l'Inde et dans l'Amérique
du sud. Les Brésiliens s'en servent sous le nom de
jequirity pour guérir le trachoma ou granulations pal-
pébrales. Après de nombreuses expériences, de Wecker
reconnut que quelques gouttes de l'infusion de ces
graines causent une conjonctivite grave dans le cours
de laquelle disparaissent sûrement les granulations.
Cette infusion est maintenant employée dans ce but
sur le continent. Mon ami le Dr T. Lewis, autrefois
dans l'Inde, maintenant pathologiste à la « Netley Army
Medical School » m'informe que dans certaines contrées
de l'Inde, l'on connaît les propriétés vénéneuses de ces
graines et l'on s'en sert pour inoculer les bestiaux. Il
en résulte une violente inflammation et les animaux
meurent d'une sorte de septicémie. Cela se fait simplement dans le but d'en enlever la peau.

Dans un travail très important et fort étendu (*Wiener Medic. Wochenschrifs*, n°⁵. 17-21, 1883, et *Klin Monatsbl. f. Augenheillk*, juin 1883), Sattler a reconnu que lorsqu'on fait une infusion de graines de jequirity dans la proportion de 1/2 pour cent, cette infusion, après quelques heures ou quelques jours, contient de nombreux bacilles mobiles, pouvant former des spores et identiques en tous points au bacillus subtilis. Ces bacilles ont environ 0,00058 mm. de large et de 0,002 à 0,0045 mm. de long. Ils forment une pellicule sur la surface de l'infusion et il s'effectue une abondante sporulation dans les bacilles de cette pellicule. Les bacilles se développent et se multiplient aisément à la température de 35° C. environ, ils végètent aussi mais plus lentement à la température ordinaire. Sattler les a cultivés artificiellement sur deux milieux solides, le sérum du sang et la gélatine, la peptone et l'extrait de viande et ils ont continué à se développer durant plusieurs générations. Soit les infusions de jequirity, soit les bacilles de ces cultures artificielles, inoculés dans la conjonctive d'un lapin en bonne santé, occasionnent une ophthalmie grave qui se manifeste par la production d'un fort gonflement œdémateux de la conjonctive et des paupières, l'occlusion temporaire de celles-ci et la secrétion d'une exsudation purulente. Les exsudations, de même que les parties gonflées, contiennent les bacilles infectieux et leurs spores. Sattler a reconnu par de nombreuses expériences que ces bacilles et leurs spores répandus dans l'atmosphère n'ont nullement la propriété de produire l'ophthalmie aussi longtemps qu'ils se développent dans un autre milieu que dans l'infusion de jequirity mais dès qu'ils ont accès dans cette infusion ils y contractent leurs propriétés spécifiques. Il n'y a pas de doute que Sattler n'ait étudié

ce problème avec un soin extrême et qu'il n'ait examiné
en détail tous les faits qui s'y rapportaient et l'on con-
sidéra d'abord pour cette raison que son travail avait
prouvé d'une façon irréfutable qu'un bacille inoffensif
pouvait, grâce à la nature du sol sur lequel il se développe, acquérir des propriétés spécifiques ou pathogènes
définies. Le bacillus du jequirity me présentait un grand
intérêt, car je désirais vivement étudier cet organisme
pour voir s'il pouvait redevenir inoffensif et après
quel laps de temps s'effectuerait cette transformation.
Car s'il y avait jamais eu un cas bien avéré d'un bacille
primitivement inoffensif transformé en bacille pathogène par des conditions déterminés c'était bien dans
cette circonstance. L'on devait donc pouvoir, en modi-
fiant ses conditions d'existence, le transformer de nouveau en bacille inoffensif. L'importance théorique et
pratique de ce cas n'échappera à aucun de ceux qui ont
parfois médité sur les rapports des microbes avec les
maladies, je pourrais presque dire que toute la doctrine
des maladies infectieuses est révolutionnée dans cette
circonstance, car s'il est indubitablement prouvé qu'une
bactérie inoffensive peut se transformer en un organisme pathogène, en un virus spécifique d'une maladie
infectieuse par exemple, et si cet organisme peut
reprendre de nouveau, sous l'influence d'autres conditions, ses caractères d'innocuité, nous n'aurions plus
alors à le rechercher comme cause initiale de développement d'une épidémie. Nous serions contraints dans
ce cas de voir répandues dans l'air, dans l'eau, sur le sol
et partout des millions de bactéries qui dans certaines
conditions particulières et inconnues seraient susceptibles de donner à la fois toutes espèces de maladies,
l'anthrax (Büchner), l'ophthalmie infectieuse (Sattler),
et probablement une foule d'autres maladies conta-

gieuses et de former ainsi des foyers d'épidémie. Et le seul fait à dégager, si l'on peut employer ici ce mot, dans cette calamité, serait de penser que le bacille particulier pourrait peu à peu, grâce à de nouvelles conditions accidentelles, redevenir inoffensif.

Ce furent ces raisons qui sont bonnes, je pense, qui me poussèrent à étudier le jequirity et le bacille du jequirity, et après une série d'expériences soigneusement faites et souvent répétées, expériences que je vais rapporter ci-dessous, j'ai démontré que le bacille du jequirity n'a pas par lui-même plus la propriété de produire une ophthalmie infectieuse que le bacille de la viande de Büchner n'a celle de produire le charbon.

Les expériences suivantes le prouvent péremptoirement.

L'on écrase et l'on pulvérise des graines de jequirity (*Abrus precatorius*), on en enlève le périsperme et l'on fait avec le reste une infusion à 1/2 pour 0/0 environ, en employant de l'eau distillée préalablement bouillie et contenue dans un ballon stérilisé bouché avec du coton stérile. L'on emploie l'eau encore tiède. Après une demi-heure, on filtre l'infusion dans un nouveau ballon stérilisé bouché avec du coton stérilisé, en évitant autant que possible le contact de l'air. Le liquide filtré a une légère teinte vert jaunâtre et est presque neutre et limpide L'on en puise une petite quantité avec une pipette capillaire fraîchement étirée et l'on s'en sert pour ensemencer quelques tubes à essai contenant du milieu nutritif stérile, solution de peptone, bouillon, agar-agar et peptone. En même temps et avec la même pipette, on inocule les yeux de quelques lapins en déposant une goutte ou deux de l'infusion sous la conjonctive. Les tubes à essai sont mis à l'étuve et laissés là à la température de 35° C. Après vingt-quatre heures, les yeux de tous les lapins sont fortement enflammés, les paupières closes et gonflées et l'on trouve une grande quantité de sécrétion purulente dans le sac conjonctival ; mais tous les tubes à essai demeurent limpides, aucun développement de bacilles ne s'y manifestant et ils demeurent toujours ainsi.

Dans une seconde série l'infusion préparée de la façon sus-indiquée est employée quinze minutes après sa préparation pour l'inoculation des yeux des lapins et pour l'ensemencement des tubes. Le liquide des tubes reste limpide et les yeux sont tous enflammés. Dans les deux cas le liquide ensemencé dans les tubes est plus de trois fois plus abondant que celui qui a été injecté dans l'œil des lapins. Il est clair d'après cela que le liquide employé pour l'inoculation des tubes était pur de tout micro-organisme et possédait néanmoins la puissance vénéneuse. Je ne prétends pas dire que toute l'infusion contenue dans le ballon ne contenait pas d'organismes mais que la petite quantité d'infusion récente employée pour l'inoculation des tubes à essai et des yeux n'en contenait certainement aucun. Lorsque le ballon contenant l'infusion est placé dans l'étuve, l'on y trouve après vingt-quatre, quarante-huit heures ou davantage de grandes quantités de bacilles dont les spores ont dû s'introduire avec l'air pendant la préparation de l'infusion. Les bacilles sont bien tels qu'ils ont été décrits par Sattler ; ils forment bientôt des spores de la façon habituelle. Une pareille infusion est très infectieuse exactement comme une infusion fraîche. Sattler a démontré et cela se vérifie aisément que les spores de ces bacilles supportent l'ébullition pendant quelques minutes sans perdre leur faculté germinative. Par conséquent si une infusion infectieuse remplie de bacilles et de spores est bouillie pendant une demi-minute, les spores ne périssent pas ; la preuve en est que si l'on ensemence avec une petite quantité de ses spores contenues dans une infusion stérile, un milieu nutritif stérile contenu dans des tubes et que si on place ces tubes à l'étuve à 35° C., l'on voit après vingt-quatre ou quarante-huit heures le milieu nutritif fourmiller de bacilles du jequirity. *Cependant aucune quantité de ce milieu nutritif ne produit le moindre symptôme d'ophthalmie, toute infusion de jequirity perd ses propriétés infectieuses par une courte ébullition de 1/2 à 1 minute.* Et voilà d'où proviennent les résultats annoncés par Sattler.

A ce point de vue, le principe vénéneux de l'infusion de jequirity se comporte comme la pepsine qui, comme on le sait, est détruite par une courte ébullition.

Lorsqu'on fait une infusion comme il est dit précédemment, qu'après quinze minutes on la filtre et qu'ensuite on la soumet à l'ébullition pendant 1/2-1 minute, on voit qu'elle est devenue absolument inoffensive mais non stérile puisqu'en la plaçant à l'étuve, il s'y développe après vingt-quatre ou quarante-huit heures de grandes quantités du bacille du jequirity. Aucune proportion de ce liquide n'est cependant capable d'occasionner le plus léger symptôme d'ophthalmie.

Une grande proportion des lapins dont la conjonctive avait été inoculée avec l'infusion fraîche non bouillie, moururent après un laps de temps variant entre trois et huit jours. Leurs yeux et leurs paupières étaient fortement enflammés comme je l'ai dit plus haut, la peau et le tissu sous-cutané de la face, du cou, de la poitrine et même de l'abdomen étaient énormément gonflés, le péricarde, la plèvre, les poumons et le péritoine très enflammés et leurs cavités contenaient

une grande quantité d'exsudation. Les exsudations de
la conjonctive, du péricarde, du péritoine, la peau et les
tissus sous-cutanés n'avaient aucun pouvoir infectieux
et ne contenaient en général ni spores, ni bacilles
d'aucune sorte lorsqu'on les examinait sur l'animal
vivant ou immédiatement après la mort.

Il y a un autre point de la question qui doit être pris
en sérieuse considération : Sattler prétend qu'il a cultivé le bacille de l'infusion de jequirity durant quelques
générations successives et sur des milieux nutritifs
solides et qu'il a pu avec ses nouvelles cultures reproduire l'ophthalmie du jequirity. Je ne doute point
que cela se soit passé ainsi, mais il se présente une
autre interprétation que celle donnée par Sattler à ce
fait. Sattler avec la plupart des pathologistes disait naturellement ceci : Lorsqu'un micro-organisme provenant
d'un milieu qui possède des propriétés infectieuses est
transporté à travers plusieurs cultures artificielles
successives, toute matière qui lui adhère accidentellement se dilue à tel point qu'on peut, en fait, la considérer comme disparue. Ce qui revient à dire que les
organismes des dernières générations sont tout à fait dé-
barrassés de cette matière étrangère. Si les organismes
de ces dernières cultures possèdent encore les mêmes
propriétés nocives que le milieu primitif, l'on peut
conclure que ce principe infectieux est inhérent au
micro-organisme. Bien qu'admettant certaines de ces
propositions je ne puis en admettre la série tout entière.
Si un microbe est transporté durant quelques générations successives dans un *milieu liquide* en employant toujours pour l'ensemencement des nouvelles
cultures une dose infinitésimale et une quantité de
milieu nutritif relativement considérable, il n'y a pas
de doute qu'après quatre, cinq ou six cultures succes-

sives, toute matière adhérente primitive aura pratiquement disparu, et que si alors le microbe possède encore la même propriété pathogénique au même degré que dans la première culture l'on ne doive conclure à l'identité du microbe et de virus infectieux. Mais tel n'est pas le cas avec le bacille du jequirity. Si l'on prend une ou deux gouttes d'une infusion vénéneuse de jequirity remplies de bacilles et qu'on s'en sert pour ensemencer un nouveau tube contenant environ quatre ou cinq cent. cubes d'un milieu nutritif, si on l'emploie seulement *avant une incubation préalable*, l'on trouve que quelques gouttes seulement d'un liquide aussi dilué possèdent la propriété vénéneuse. L'on obtient précisé-ment le même résultat en prenant une ou deux gouttes d'une infusion parfaitement fraîche de jequirity avant qu'aucun organisme n'y ait fait son apparition en les mélangeant avec quatre ou cinq cent. cubes d'eau distillée et en employant une ou deux gouttes de ce liquide dilué pour en inoculer la conjonctive de lapins parfaitement sains. Il se produira une ophthalmie à forme sévère. Si l'on effectue la culture de ces bacilles recueillis dans une infusion vénéneuse, pendant une seconde génération dans un milieu liquide on ne dé-couvrira plus aucune trace des propriétés infectieuses, aucune quantité de cette culture ne peut produire l'oph-thalmie. Sattler s'est servi pour ces cultures de milieu nutritif solide sur la surface duquel il déposait une goutte d'infusion vénéneuse de jequirity contenant les bacilles. Après quelques jours d'incubation ceux-ci s'étant beaucoup multipliés, il prenait une goutte de cette seconde culture et la transportait dans un nouveau tube de milieu solide et ainsi de suite. Toutes ces cultures possédaient une action nocive. Il n'y avait rien d'étonnant puisqu'il employait toujours une partie du liquide primitif déposé sur la surface du milieu nutritif solide. Une partie de ce milieu (solution de gélatine) se liquéfiait sous l'influence du développement, mais si l'on considère que Sattler se servait d'infusions très concentrées, il laissait tremper les graines pendant plusieurs heures dans l'infusion, l'on ne doit pas s'étonner de ce qu'il restât une proportion considérable de poison dans la dilution qui conservait encore ses propriétés vénéneuses. Nous pouvons donc voir par là que le bacille du jequirity n'a, par lui-même, rien à faire avec le principe vénéneux des graines de jequirity mais que ce principe est un ferment chimique, semblable sous certains rapports et par sa non-résistance à l'ébullition, au ferment peptique [1].

Le troisième cas dans lequel on a essayé expérimentalement de transformer un micro-organisme septique en micro-organisme spécifique ou pathogène est celui de la moisissure commune, aspergillus ou champignon mycélien. Mais cette question a déjà été discutée au chap. xv, je n'y reviendrai donc pas et je me contenterai de dire que certaines espèces d'aspergillus possèdent la propriété de produire une mycose générale chez le lapin et que cette propriété, elles la possèdent *ab initio*. D'autres espèces d'aspergillus ne possèdent pas ces propriétés et ne peuvent dans aucune circonstance les acquérir.

---

1. Pendant que ce passage était sous presse j'ai appris que MM. Warden et Waddell avaient publié cette année à Culcutta un mémoire fort important relatant un grand nombre d'observations sur le poison du jequirity, observations qui concordent parfaitement avec les miennes. Ils ont définitivement établi que le principe actif du jequirity était un corps protéique, l'*Abrine*, fort voisin de l'albumen jeune; que son action peut se ramener à celle d'un ferment soluble, qu'on peut l'isoler et qu'elle est contenue non seulement dans les graines, mais aussi dans les racines et les tiges de l'*Abrus precatorius*.

Ainsi tombe le troisième cas de la transformation d'un organisme commun en organisme spécifique provoquée par des conditions anormales de développement.

Nous devons maintenant nous occuper de ces cas dans lesquels par l'injection de très petites quantités de substance organique putréfiée, on a produit la pyæmie ou la septicémie chez le lapin. Prenons le cas de la septicémie de Davaine chez les lapins, cette maladie a été produite par Coze et Feltz et par beaucoup d'autres expérimentateurs en injectant dans leur tissu sous-cutané de petites quantités de sang de bœuf putréfié. Ces lapins meurent au bout d'un ou deux jours et leur sang fourmille de petits organismes que l'on reconnait être le bacterium termo. Chaque goutte de ce sang possède des propriétés infectantes. Inoculée dans le tissu d'un lapin elle produit la septicémie avec les mêmes symptômes que précédemment. Pasteur et Koch ont réussi à faire naître la septicémie chez des souris, des lapins et spécialement chez des cochons d'Inde en leur inoculant sous la peau de la terre de jardin ou le liquide putréfié. C'est la septicémie de Pasteur ou l'œdème malin de Koch. Elle est caractérisée par un œdème qui naît au point d'inoculation et s'étend ensuite dans le tissu sous-cutané et les parties environnantes.

Koch a produit par l'injection de petites quantités de liquides putrides dans le tissu sous-cutané de la souris une septicémie toute spéciale. Les animaux meurent parfois en quarante ou soixante heures et les globules blancs du sang sont remplis de bacilles excessivement petits. Il a réussi aussi à produire une pyæmie chez les lapins par l'injection de liquides putréfiés et cette pyæmie est caractérisée par la présence de zooglea de petits micrococcus dans les vaisseaux sanguins. Plus tard enfin, en injectant à des souris des liquides putréfiés, il a produit une nécrose progressive due au développement de micrococcus, nécrose qui s'étend en partant du point d'inoculation et détruit tous les tissus. Tous ces cas ont été décrits en détail par Koch dans son ouvrage classique, *Die Ætiologie der Wundinfections krankheiten*, Leipsig, 1879. J'ai mentionné en outre au chap. vi § 13 un micrococcus qui occasionne un abcès et la pyæmie chez la souris.

Maintenant tous ces cas prouvent-ils que les microbes septiques, vivant et se développant dans les liquides organiques en putréfaction peuvent, lorsqu'ils sont introduits dans le corps d'un animal et grâce à certaines conditions particulières inconnues, provoquer une maladie infectieuse mortelle? Nous répondrons avec Koch qui a savamment discuté la question « Non ». Les organismes qui se rattachent aux processus morbides cités précédemment possèdent ce pouvoir pathogène *ab initio*, et ce pouvoir n'est point dû à une condition particulière de développement.

De toutes les espèces différentes de micrococcus et de bacilles qui se rencontrent dans les subsbances putréfiées, la majorité est parfaitement inoffensive. Introduits dans le corps de l'homme ou de l'animal ils ne peuvent se développer et se multiplier et ne produisent aucun désordre. Mais il y a certaines espèces assez peu nombreuses qui possèdent cette propriété et qui lorsqu'elles sont introduites dans le corps d'un animal susceptible de favoriser leur développement y produisent une maladie spécifique.

Un des cas le mieux étudié est celui du bacillus anthracis. Cet organisme se développe facilement et en abondance hors du corps d'un animal, il se multiplie partout où il trouve les conditions nécessaires de température, d'humidité et de matières azotées. Lorsqu'il a accès dans le corps d'un animal sujet à la maladie, il produit la maladie mortelle et au plus haut degré infectieuse, connue sous le nom d'anthrax.

L'on sait maintenant, grâce aux admirables recherches de Fehleisen que le micrococcus de l'érysipèle peut vivre et se multiplier hors du corps d'un animal. Il se développe bien dans les cultures artificielles, de même que le bacille de la tuberculose de Koch, de même que le bacille de la peste du porc que j'ai décrit dans un chapitre antérieur et de même que bien d'autres organismes. La septicémie de Davaine chez les lapins, celle de Koch chez les souris, etc., ne peuvent se produire avec toute sorte de sang ou de liquide organique putréfié mais seulement avec certain sang et à un moment donné, c'est-à-dire quand le microbe particulier susceptible de produire la maladie se trouve dans ces substances et seulement lorsqu'il a accès dans un animal sujet à la maladie. La septicémie de Davaine chez les lapins ne peut s'inoculer aux cochons d'Inde, celle de Koch chez la souris ne s'inocule pas non plus aux cochons d'Inde et le bacille de l'anthrax ne produit aucun effet sur les chiens. Il en est de même de tous les autres microbes.

Nous conclurons donc d'après cela que certains microbes déterminés, bien que vivant et se multipliant en général dans des substances diverses du monde extérieur ont la propriété, lorsqu'ils trouvent accès dans le corps d'un animal apte à leur développement, de s'y développer et de donner lieu à une production pathologique définie. Mais cette propriété, ils la possèdent *ab initio*. Ceux qui ne la possèdent pas ne l'acquièrent point par quelque moyen que ce soit. De même que certaines espèces de plantes agissent comme des poisons sur le corps animal et que d'autres espèces bien qu'ap-

partenant au même groupe et à la même famille et étant
étroitement liées aux précédentes n'ont point ces propriétés et ne peuvent en aucune façon les acquérir, de
même il existe des micro-organismes qui sont pathogènes tandis que d'autres sont parfaitement inoffensifs.
Ces derniers gardent leur innocuité dans toutes les
conditions et pendant tout le temps de leur existence.

J'ai fait de nombreuses expériences dans le but
d'obtenir des cultures de micro-organismes septiques
définis : espèces diverses des micrococcus de bactérium
termo et le bacillus subtilis dont les caractères morphologiques pouvaient être déterminés avec précision
et qui étaient sûrement dépourvus de la propriété de
faire naître une maladie quelconque. J'ai cultivé ces
espèces à l'état pur pendant plusieurs générations et
dans des conditions variables, je m'en suis servi ensuite pour inoculer nombre de souris, de lapins et de
cochons d'Inde et pour le dire, en un mot, je n'ai jamais observé qu'aucune de ces espèces ait acquis la
moindre propriété pathogénique.

CHAPITRE XVIII

Phénomènes vitaux des organismes non pathogènes.

Ainsi que nous l'avons vu plus haut, toute putréfaction de matière organique se rattache étroitement à l'action de micro-organismes. C'est en se basant sur une foule d'expériences précises faites par Schwann. Mitscherlich, Helmholtz, Pasteur, Cohn, Burdon Sanderson, Lister, W. Roberts, Tyndall et bien d'autres encore, que l'on admet généralement que la matière organique placée à l'abri de la contamination par les micro-organismes de l'air, de l'eau et de la poussière, en demeure exempte et par conséquent ne présente point le genre de décomposition que l'on considère généralement comme dû à la putréfaction. Tels sont, par exemple le changement des matières proteiques en peptone soluble, la transformation des peptones en leucine et en tyrosine, enfin la décomposition de ces matières et des autres corps azotés cristallisables en composés relativement simples. Ceux-ci par oxydation produisent l'ammoniaque et ses sels et des nitrates de bases inorganiques avec développement simultané de certains gaz, l'ammoniaque, l'hydrogène sulfuré et d'autres produits appartenant aux séries aromatiques. L'opinion généralement admise est que les organismes occasionnent la décomposition des corps azotés en leur prenant quelques molécules d'azote qui servent à l'accroissement de leur propre protoplasma. Il en est de même des hydro-carbonates, et des sels inorganiques comme les phosphates, les sels de potasse et de soude qu'ils décomposent puisqu'ils demandent pour se développer une certaine proportion de carbone, de phosphore, de potassium et de sodium. Il se produit pendant cette décomposition certains alcaloïdes dont la composition est encore peu connue et qui sont tous compris dans le terme général de ptomaïnes (Selmi). L'on sait que ces alcaloïdes ont un effet toxique lorsqu'on les introduit en quantités suffisantes dans le corps d'un animal vivant. Il est très possible que les propriétés toxiques de certains aliments qui ont éprouvé de la putréfaction ou quelque fermentation d'un genre inconnu, soient dues à quelque virus produit par un micro-organisme. (Empoisonnement par le saucisson, le poisson gâté, etc.)

Gaspard, Panum, Bergmann, Billroth, Burdon Sanderson, Gotmann, Semmer et d'autres auteurs, ont démontré que, par la putréfaction des matières animales, l'on pouvait obtenir une substance, le poison septique ou sepsine, qui pouvait être isolée par certains procédés chimiques de tout micro-organisme vivant. Cette substance injectée en quantité suffisante dans le système vasculaire des animaux, des chiens en particulier, produit un élèvement fébrile de température très marqué et peut causer la mort avec tous les symtômes d'un empoisonnement aigu; frissons, vomissements et diarrhée, spames, torpeur, collapsus et mort. L'examen *post-mortem* dénote une forte congestion et une hémorrhagie inetestinales, dans le duodénum et le rectum surtout, de l'hémorrhagie dans la plèvre, les poumons, le péricarde et l'endocarde; de la congestion et de l'hémorrhagie dans le péritoine. Cette intoxication putride donne la mort en douze, vingt-quatre heures ou moins encore. Injectée en proportion moins considérable, la substance septique produit seulement un trouble fébrile; les désordres graves et la mort ne surviennent que lorsqu'on injecte plusieurs centimètres cubes de liquide putride. Il n'y a *a priori* aucune raison pour qu'une sorte d'intoxication putride ne se présente chez l'homme sous la forme d'une affection pyémique. Si, en effet, il s'établit sur une large plaie résultant de l'amputation d'un membre par exemple, une vaste surface de suppuration, il s'y développera évidemment un grand nombre de microbes qui pourront s'y multiplier et produire le poison septique dont l'absorption en quantité suffisante dans le système sanguin occasionnera l'intoxication septique. Il faut soigneusement distinguer de cette affection, la véritable septicémie due à l'absorption d'un organisme spécifique par une petite plaie ouverte ou par un vaisseau, organisme qui se développe dans le corps, qui par conséquent y vit, y croit et s'y multiplie en produisant ainsi une septicémie mortelle. Lister a parfaitement démontré qu'avec le pansement antiseptique des plaies l'infection septicémique était rare ou nulle.

L'on doit distinguer ces phénomènes de putréfaction de certains phénomènes de fermentation dans lesquels par l'intervention d'un microbe défini, organisme zymogène, il se produit dans une substance déterminée certains composés chimiques déterminés. Ainsi, la *torula cerevisiæ* ou saccharomyces, introduite dans une solution sucrée produit la fermentation alcoolique, c'est-à-dire l'oxydation et le dédoublement du sucre en alcool et en acide carbonique.

La bactérie du lait introduite dans des substances contenant le sucre de lait produit par oxydation la transformation du sucre en acide lactique et en acide carbonique (?). Un micrococcus produit, selon Pasteur, la transformation de la dextrose en une sorte de gomme, appelée par Bechamp, viscose et reconnue par Pasteur comme la cause de la transformation visqueuse du vin et de la bière. Dans l'urine, l'urée est convertie par le *micrococcus ureæ* en carbonate d'ammoniaque. Les solutions contenant de l'amidon, de la dextrine ou du sucre produisent de l'acide butyrique sous l'action du bacillus amylobacter. Le même bacille transforme la glycérine (Fitz) en acide butyrique, en ethyl-alcool, etc. L'alcool est transformée par la présence d'un micrococcus défini en acide acétique (Pasteur).

Une petite forme de bacillus subtilis produit de l'acide butyrique dans les graisses (Pasteur, Cohn) et beaucoup d'espèces de micrococcus forment des corps colorants, la couleur bleue du lait par exemple.

L'on ne sait pas bien encore quelle peut être la réaction chimique des organismes pathogènes sur les tissus animaux, et même quand ils se développent hors du corps, c'est-à-dire dans les cultures artificielles, l'on ignore encore quel est leur effet sur le milieu nutritif. L'on sait seulement que, comme tous les organismes septiques ou pathogènes, ils continuent à se développer et à se multiplier aussi longtemps qu'ils trouvent des matériaux nécessaires, c'est-à-dire jusqu'à l'épuisement du milieu de culture.

Étant donnée la quantité énorme de micro-organismes répandus en tous lieux, il est clair que le rôle qu'ils jouent dans la décomposition des corps organiques les plus complexes en éléments plus simples ou en composés différents, est fort important. Pour ne citer qu'un exemple : Quelle énorme importance n'ont ils pas dans le règne végétal lorsqu'ils décomposent les corps azotés en nitrates solubles de bases inorganiques si essentiels à la vie et à la croissance de nos champs de blés. (Lawes.)

Un des faits les plus intéressants observés dans le développement des micro-organismes septiques c'est que les produits de décomposition effectués par eux ont, sur leur propre organisme, une influence excessivement nuisible. Influence qui arrête leur multiplication au point que, après une certaine accumulation de ces produits, les organismes cessent de croître et peuvent même périr tout à fait. Ainsi les substances qui appartiennent aux séries aromatiques, l'indol, le skatol, le phénol, etc., et qui naissent de la putréfaction des matières protéiques, ont sur la vie de beaucoup de micro-organismes une influence fatale comme l'ont démontré Wernich et d'autres auteurs.

L'on ne sait pas bien encore si, dans tous les cas ou dans quelques-uns seulement, les organismes produisent leurs effets chimiques en créant un ferment spécial au moyen duquel ils produisent la décomposition, ou s'ils décomposent les corps en en prenant pour leur propres usages certaines molécules. L'on sait très bien pourtant que par suite de cette décomposition chimique il se produit des substances chimiques définies. Il est bien possible que les organismes pathogènes aussi bien que les organismes zymogènes aient comme caractère spécial, si le terrain (corps animal) contient un composé chimique donné, de pouvoir dans ce cas produire un ferment défini.

Dans bien des cas d'organismes septiques et zymogènes, un terrain quelconque peut fournir des matériaux convenables à divers organismes en même temps, et ce fait se présente journellement dans la putréfaction ordinaire des matières animales et végétales qui présente différentes espèces d'organismes.

L'on observe pourtant habituellement qu'une espèce seulement est plus apte à trouver dans une substance un terrain convenable que toutes celles qui l'accompagnent; et l'on remarque alors que cette espèce se développe plus abondamment que toutes les autres. Lorsqu'elle s'est ensuite tout à fait développée, c'est-à-dire lorsqu'elle a épuisé sa nourriture particulière, un autre organisme indifférent à cette substance nutritive se développe à son tour et se multiplie également. Ainsi l'on remarque constamment qu'un liquide contenant par exemple des matières protéiques diverses, des hydrocarbonates et des sels, après avoir été infecté par des micrococcus et diverses espèces de bacilles, présente surtout des micrococcus dans les premiers jours ou dans les premières semaines. Plus tard, lorsque les micrococcus se sont complètement multipliés et sont tombés au fond du liquide, celui-ci se peuple d'une espèce de bacilles. Ou bien si les micrococcus et les bacterium termo se présentent en même temps dans un liquide approprié, le bacterium termo s'accroît d'abord rapidement. Lorsqu'il a cessé de se multiplier, les micrococcus reprennent le dessus. Dans certains cas encore, comme dans le sang putréfié, les exsudations, les substances parenchymateuses ou autres, il se développe simultanément et dans des parties différentes du milieu des espèces diverses d'organismes.

La même remarque s'applique aux organismes zymogènes. Une solution sucrée est un terrain très convenable pour les saccharomyces. Lorsque ceux-ci ont épuisé le milieu, c'est-à-dire lorsque tout le sucre a été transformé en alcool et en acide carbonique gazeux, le milieu devient alors apte à recevoir les organismes destinés à transformer l'alcool en acide acétique. Les deux espèces d'organismes peuvent

cependant se développer en même temps, les saccharomyces paraissant les premiers.

Les organismes septiques ou de la putréfaction comme
les organismes zymogènes et pathogènes et toutes
choses égales d'ailleurs demandent, pour se développer,
un milieu nutritif approprié et, comme nous l'avons
vu, ils diffèrent absolument les uns des autres à ce
point de vue. Tandis que les organismes de la putréfaction trouvent dans presque tous les liquides animaux
ou végétaux les substances nécessaires à leur nutrition,
les organismes zymogènes et pathogènes sont beaucoup
plus limités sous ce rapport. Là où il ne se trouve point
d'alcool, les organismes de la fermentation acétique ne
peuvent se développer. De même aussi un organisme
pathogène spécial, le bacillus anthracis, ne peut se
développer dans les tissus vivants des porcs, des chiens
ou des chats, mais se multiplie fort bien au contraire
dans les corps des rongeurs, des ruminants et de
l'homme, le bacille du typhus charbonneux des porcs
se développe bien chez le porc, le lapin, la souris et ne
peut le faire chez le cochon d'Inde et l'homme.

Les organismes septiques diffèrent aussi des organismes pathogènes en ceci que les premiers peuvent
se développer dans des liquides contenant seulement
des composés azotés simples, le tartrate d'ammoniaque
par exemple, tandis que les organismes pathogènes
demandent des combinaisons plus complexes, des matières protéiques ou des substances azotées composées.
Ainsi par exemple dans les liqueurs de Cohn et de
Pasteur les micrococcus, les bactéries et les bacilles
septiques se développent aisément et en abondance,
mais les organes pathogènes refusent absolument de
s'y multiplier. Le bacillus anthracis lui-même qui, de
tous paraît le moins difficile, ne peut y former une

colonie. Certains organismes, le bacille de la tuberculose par exemple, demandent les composés azotés les
plus complexes. Ils refusent par exemple de se développer dans du bouillon dans lequel le bacillus anthracis, celui de la peste du porc, le micrococcus
diphtericus et celui de l'érysipèle se développent fort
bien.

Tous les organismes septiques et zymogènes proprement dits, décrits dans les chapitres précédents,
diffèrent essentiellement à ce point de vue des organismes pathogènes en ce qu'ils refusent absolument
de se développer dans les tissus sains d'un animal
vivant.

Ainsi qu'il a été établi dans les pages précédentes, il
n'est pas rare de rencontrer des amas de micrococcus
dans des tissus qui, pendant la vie du sujet sont morts,
se sont nécrosés ou qui aussi, soit par suite d'une vive
inflammation, soit pour toute autre cause, se sont modifiés au point d'être pratiquement considérés comme
morts. Dans les intestins, le foie, la rate, malades ou
nécrosés, dans les abcès, dans les tissus sous-cutanés,
sous-muqueux ou parenchymateux, l'on a signalé des
amas de micrococcus qui ne présentaient aucun rapport
intime avec la maladie et trouvaient simplement dans
les tissus morts ou gravement malades un lieu favorable pour leur développement et leur multiplication.
Mais on peut aussi les rencontrer même dans les organes
qui ne présentent point de désorganisation bien accentuée. Ainsi, par exemple, dans les cas mortels de
petite vérole, de fièvre typhoïde, de pyémie, de diarrhée
infantile même, l'on peut trouver des amas de micrococcus à l'intérieur et autour des vaisseaux sanguins
du foie et de la rate. Dans tous ces cas, les micrococcus
ont pu se développer parce que, grâce au désordre

général et profond de l'organisme, ces tissus avaient perdu leur vitalité avant la mort du malade lui-même et ne pouvaient plus par conséquent résister à l'invasion et à l'établissement des micrococcus. Sont du même ordre, les amas de bacilles que l'on rencontre quelquefois dans les parois du tube intestinal, le foie et les ganglions mésentériques après la mort occasionnée par des désordres intestinaux graves, la fièvre typhoïde et la dysenterie par exemple. Je ne puis un instant adopter la manière de voir de Klebs et de Koch qui veulent que la présence des bacilles mentionnés dans un chapitre précédent soit nécessairement en relation avec l'étiologie de la fièvre typhoïde, vu qu'ils ne sont pas constants et surtout qu'on les rencontre dans les organes en communication directe avec l'intestin qui, dans cette maladie est comme chacun le sait, dans un état complet de désorganisation.

Nous devons maintenant nous poser la question suivante : D'où viennent les micrococcus et les bacilles qui sont ainsi susceptibles de s'établir dans un tissu désorganisé même pendant la vie du sujet? En ce qui concerne les parois des intestins, les glandes mésentériques, le foie et la rate il n'y a aucun doute; les organismes pourraient aisément, dans le cas de désordres intestinaux graves émigrer de la cavité intestinale, où leur présence est normale, dans la paroi de l'intestin, et enfin être absorbés avec les produits de désorganisation dans les ganglions mésentériques, le foie et la rate. Il n'est pas non plus difficile de s'expliquer que, si un foyer d'inflammation ou de nécrose paraît dans différents organes internes par suite d'une embolie provoquée par un foyer inflammatoire, dans lequel les micrococcus et les bacilles du dehors ont un libre accès, comme la peau, le canal alimentaire, les organes respiratoires, ces métastases internes présenteront les mêmes organismes et aussi loin que la décomposition, abcès, caséification ou nécrose s'étendra, les organismes importés en même temps se multiplieront considérablement. Le tissu est dans ce cas privé de circulation et mort par le fait.

Tout ceci, dis-je, n'est pas difficile à expliquer si nous nous pénétrons de cette idée que les produits d'un foyer inflammatoire dans lequel les organismes du dehors ont un libre accès deviennent eux-mêmes un véritable nid pour ces organismes. Lorsque certains de ces produits sont absorbés et passent dans la circulation générale, il peut se produire de l'embolie et l'inflammation paraît alors dans des régions très différentes; les organismes contenus dans ces produits de décomposition et entraînés par eux peuvent exercer une action destructive sur le sang de la circulation; ils sont ainsi transportés vers les nouveaux foyers d'inflammation et de décomposition produits par l'embolie.

Tous ces faits sont évidents par eux-mêmes et ne demandent pas d'autres preuves que celles que l'on connaît déjà, il résulte donc de ces considérations que la présence de micrococcus ou de bacilles dans les tissus des organes internes, pendant les maladies graves, et dans les organes décomposés avant la mort ou dans les foyers secondaires d'inflammation et de nécrose, peut n'avoir aucun rapport avec l'etiologie de la maladie ou de la nécrose. Elle peut être plutôt et probablement elle est due simplement à un transport, à une émigration d'organismes septiques non pathogènes.

J'ai rencontré le cas le plus frappant de cet envahissement chez une souris morte de la peste des porcs. Les intestins étaient fortement enflammés et l'on trouvait dans le foie des ilots nécrotiques, caractère à peu près constant de la maladie. Dans les îlots nécrotiques les capillaires sanguins étaient parfois, mais non toujours, distendus et obstrués par des zooglea de micrococcus de la putréfaction qui n'avaient absolument aucun rapport avec la véritable maladie.

A l'état normal, l'intérieur du canal alimentaire, le petit et le gros intestin, mais surtout le gros, contiennent des masses innombrables de microbes de la putréfaction. Ces organismes étant beaucoup plus petits que les globules du chyle doivent être naturellement aussi aisément absorbés que ceux-ci par les chylifères et transportés par eux dans la circulation générale ; mais ces organismes étant septiques ne peuvent se développer dans le sang et dans les tissus normaux, ils périssent donc aussitôt dans les conditions de santé. Mais s'il se trouve dans le corps un foyer de décomposition, ils peuvent s'y établir et s'y propager, pourvu que le sang les y ait apportés à l'état vivant. De nombreuses expériences ont démontré qu'ils ne peuvent séjourner impunément dans le sang en bonne santé et il n'est donc pas probable qu'ils arrivent encore vivants au foyer d'inflammation. Mais qu'ils soient bien protégés par une particule solide de tissu désorganisé, qu'ils traversent ainsi le système vasculaire et nous comprenons parfaitement que dans ces conditions ils puissent gagner vivants un foyer éloigné et que si, dans ce foyer, ils trouvent un milieu favorable à leur développement, si par exemple il y a de l'inflammation et de la nécrose nous puissions nous attendre à les voir se multiplier.

Les observateurs les plus compétents admettent aujourd'hui qu'à l'état sain et normal le sang et les tissus ne contiennent aucun microbe et que les assertions contraires sont dues à des erreurs d'expérimentation, à la contamination accidentelle. Je renverrai simplement le lecteur, parmi les nombreuses observations faites sur ce sujet, à celles de Watson Cheyne[1] et de F. W. Zahn[2]. L'on ne peut donc prétendre que s'il apparait des microbes dans un foyer quelconque de désorganisation ils proviennent de ceux qui s'y trouvaient normalement présents et l'on doit penser plutôt que les organismes de la putréfaction peuvent être importés de parties communiquant avec l'extérieur dans les points profonds dans lesquels s'est produite la décomposition.

Il est clair, par ce qui précède, qu'après la mort les microbes peuvent émigrer aisément dans tous les tissus et que les organes situés près des points où ils se trouvent à l'état normal seront les premiers envahis par eux. Ce seront les poumons qui seront envahis par les microbes présents dans les bronches et dans les alvéoles et provenant de l'air extérieur; ce seront les parois du tube intestinal, les ganglions mésentériques, la cavité péritonéale, le foie et la rate. Les bacilles doués de mouvement doivent être particulièrement mentionnés sous ce rapport, mais les autres bacilles immobiles et les micrococcus trouvent aussi leur chemin dans les organes. C'est ainsi que, peu d'heures après la mort, Koch[3] a vu des bacilles (non-mobiles) dans le sang des artères d'un sujet mort par strangulation.

1. *Pathological Transactions*, vol. XXX.
2. *Virchow's Archiv*, vol. XCV.
3. *Pathogene micro-organismen.*

CHAPITRE XIX

Phénomènes vitaux des organismes pathogènes.

Ainsi que nous venons de le voir dans le chapitre précédent, les microbes spécifiques pathogènes ont ce caractère hautement différentiel qu'ils peuvent vivre et se multiplier dans les tissus sains vivants. Chez les espèces pour lesquelles on a fourni des séries complètes de preuves pour établir qu'elles sont intimement liées à l'étiologie de la maladie, l'anthrax malin, la tuberculose, la peste des porcs, l'érysipèle, et à propos desquelles il a été établi sans aucun doute : 1° que tout animal atteint de la maladie contient dans des parties déterminées le microbe spécifique ; 2° que ce microbe purifié par des cultures artificielles successives de tout virus chimique hypothétique et introduit dans un animal sujet à la maladie la lui communique ; 3° que tout animal ainsi affecté contient le microbe dans les mêmes points que le premier animal mort de maladie. Chez toutes ces espèces, dis-je, le seul moyen de comprendre l'effet des microbes est de supposer, ce qui est maintenant le cas, qu'introduits dans le tissu vivant, ils vont en se multipliant et produisent directement ou indirectement, c'est-à-dire par eux-mêmes ou par leurs produits, ainsi qu'on l'a discuté plus haut, certains désordres particuliers dans différentes parties du corps. Dans les cas les plus favorables (anthrax, tuberculose),

un seul organisme introduit en un point convenable
dans le corps animal sera susceptible de produire aisément une nouvelle génération. Dans d'autres cas, cependant, il sera nécessaire d'introduire dans le corps une
quantité appréciable d'organismes pour produire le
même effet. C'est le cas qui se produit pour certains
processus septicémiques étudiés par Koch[1] chez les
rongeurs. Le laps de temps qui s'écoule entre l'introduction de l'organisme dans le corps (sang, peau, muqueuses, tissu sous-cutané, canal alimentaire) et la
production d'une nouvelle génération susceptible de
produire un effet défini, local ou général, correspond
à la période d'incubation de la maladie et, comme on le
sait, la durée de cette période varie beaucoup dans les
diverses maladies. Dans l'anthrax, par exemple, l'introduction des bacilles dans le tissu sous-cutané est suivie
après seize vingt-quatre heures ou davantage, d'un
effet local, le gonflement œdémateux et, peu d'heures
après, d'une maladie constitutionnelle générale alors
que les bacilles peuvent presque toujours se rencontrer
dans le sang. D'un autre côté, dans la tuberculose, après
l'introduction des bacilles dans le tissu sous-cutané,
les ganglions lymphatiques les plus rapprochés ne
montrent les premiers signes de gonflement et d'inflammation qu'après une semaine ou davantage et la
maladie générale des organes internes ne survient
qu'après deux ou plusieurs semaines. Le même fait se
retrouve dans les observations du développement des
bacilles dans les cultures artificielles; un milieu nutritif
convenable ensemencé avec le bacillus anthracis et
placé à la température du corps animal, 38°-39° C, présente toujours après vingt-quatre heures un abondant

1. *Infectiontskrankheiten, loc. cit.*

développement de bacilles. Dans le cas des bacilles de la tuberculose, les premiers symptômes de développement ne se produisent, comme l'a remarqué Koch et comme j'ai eu moi-même l'occasion de le vérifier dans quelques cas, qu'après un laps de temps de dix à quinze jours.

Un des faits les plus importants et les plus difficiles à comprendre est la propriété qu'ont certains organismes pathogènes de résister à l'action des tissus sains des animaux vivants, propriété que ne possèdent point, ainsi que nous l'avons vu plus haut, les organismes non pathogènes. Une analyse exacte montre tout d'abord que les organismes pathogènes ne possèdent pas cette propriété d'une façon absolue, car tandis qu'une espèce donnée peut, chez certains animaux résister à l'action des tissus vivants, se multiplier et occasionner la maladie, chez d'autres animaux elle ne peut en faire autant et ceux-ci demeurent réfractaires à son action. Ainsi, par exemple, le bacillus anthracis introduit dans le corps de l'homme ou d'un animal herbivore peut se multiplier et produire l'anthrax, tandis que chez les carnivores et même chez le porc qui est omnivore il ne produit aucun effet. De même, le bacille de la peste des porcs qui produit la maladie chez les porcs, les lapins et les souris, ne peut la produire chez l'homme, l'oiseau, le cochon d'Inde ou les carnivores. Comment expliquer maintenant cette différence de développement? Les tissus ou les sucs d'un porc sous forme d'infusion ou autrement sont un milieu nutritif aussi convenable pour le bacillus anthracis que les tissus et les sucs des animaux herbivores. Les cultures artificielles faites dans les deux genres de milieux agissent exactement de la même façon en ce qui concerne l'abondance du développement et la virulence des bacilles.

De même les cultures artificielles du bacille de la peste du porc effectuée dans les sucs des tissus du cochon d'Inde ou des oiseaux, sont exactement les mêmes que celles faites dans le suc des tissus du lapin ou du porc. L'on ne peut donc dire que les tissus aient *par eux-mêmes* une action contraire aux organismes. Nous ne pouvons non plus expliquer le fait par l'action propre du tissu vivant puisque nous venons de voir que cette propriété de résister à l'action des tissus vivants est la caractéristique des organismes pathogènes. Il ne reste plus alors qu'une explication plausible, c'est qu'il existe *quelque chose* dans un tissu particulier, chose qui lui confère l'immunité et, comme nous l'avons dit plus haut, ce quelque chose doit se rapporter au tissu alors qu'il est encore vivant. Mais la vie du tissu chez le porc ne peut être différente de celle du tissu de la souris, si par vie, l'on entend la fonction du tissu, sa connexion avec les systèmes vasculaires, nerveux et autres. Le tissu connectif sous-cutané n'a pas de fonction de relation différentes avec le système vasculaire et le système nerveux chez le porc et chez la souris et cependant nous trouvons que, dans les deux cas, il agit différemment à l'égard du bacillus anthracis.

Ce *quelque chose* qui empêche le développement et la multiplication du bacillus anthracis dans le tissu du porc, mais non dans celui de la souris, doit être une chose qui, bien que dépendante de la vie du tissu n'est point identique à tous les caractères constituant la vie du tissu, mais doit être seulement une résultante de cette vie. Ainsi que nous l'avons démontré, ce n'est pas expliquer le fait que de prétendre avec quelques observateurs que l'état de vie des cellules est *par lui-même* un état défavorable. La théorie la plus plausible d'après moi est celle-ci que le pouvoir prohibitif est dû *à la présence d'une substance chimique* produite par les tissus vivants. Il ne faut pas un grand effort pour concevoir et il ne semble pas du tout impossible que le sang et les tissus du porc contiennent certaines substances chimiques qui ne se trouvent point dans la souris, substance que, comme bien d'autres, n'a pu encore nous dévoiler la chimie. Qu'il existe de grandes différences dans la constitution chimique du sang et des tissus des différentes espèces d'animaux c'est ce dont on ne peut douter ; c'est là un fait parfaitement familier à la chimie physiologique.

Après tous ces faits nous arrivons à conclure que, grâce à la présence dans le sang et dans les tissus de substances chimiques particulières, présentes seulement pendant la vie et résultant de la vie du tissu, les organismes ne peuvent, dans tel ou tel cas, se développer et produire la maladie ; de plus que pour chaque espèce particulière d'organisme, il existe une substance chimique particulière nécessaire pour lui conférer son pouvoir de résistance. Car, ainsi que nous l'avons vu, tandis que le bacillus anthracis ne peut se développer chez le porc il vit bien chez le cochon d'Inde ; tandis que le bacille de la peste du porc vit bien chez le porc, il ne vit point chez le cochon d'Inde. L'incapacité des bacilles non pathogènes de se développer dans les tissus vivants s'expliquerait dans cette hypothèse par le fait que les substances chimiques présentes dans tous les tissus vivants sont ennemies des organismes de la putréfaction.

Ce que nous avons dit jusqu'ici ne se rapporte qu'aux tissus sains et vivants. L'on peut bien se figurer que, grâce à la présence d'une substance chimique particulière dans le tissu vivant et en bonne santé, un organisme pathogène ne puisse se développer dans un animal particulier. Mais, dans certaines conditions anormales, lorsque par exemple par suite de maladie ou d'altération du tissu cette substance est absente, l'organisme pourra alors vivre, se multiplier et provoquer la maladie. En supposant vrai qu'une personne, aussi longtemps qu'elle est bien portante, soit susceptible de résister avec succès au développement d'un organisme pathogène particulier, elle est ainsi réfractaire à la maladie. Mais nous pouvons comprendre que si son canal alimentaire ou ses poumons sont malades, le microbe passant dans l'intestin par ingestion ou dans les poumons par inspiration, trouvera là un tissu dans lequel la substance prohibitive nécessaire et présente dans l'état de santé pourra manquer, et alors il se développera et provoquera la maladie.

Un autre point à considérer est la relation du micro-organisme spécifique avec l'essence de la maladie ou, en d'autres termes. il s'agit de savoir si l'organisme lui même est le virus ou si ce dernier n'en est que le produit, à peu près comme le ferment septique est le produit des organismes de la putréfaction.

Il est bien prouvé que dans les maladies infectieuses, la virulence se rattache étroitement aux microbes par ce fait que le virus introduit dans le corps se multiplie à l'infini. Par exemple dans l'anthrax ou la tuberculose, après l'introduction d'une dose infinitésimale de matière, nous voyons la maladie revêtir sa forme virulente. Dans le premier cas, chaque goutte de sang fourmille de bacillus anthracis, dans le second (tuberculose) toutes les parties tuberculeuses caséifiées des ganglions lymphatiques, des poumons, de la rate, et du foie contiennent les bacilles. Dans les deux cas, il s'est effectué une génération de bacilles dans le corps malade et chaque fragment de tissu contenant le bacille peut produire la maladie quand on l'introduit dans un sujet sain. De plus les cultures artificielles de ces bacilles possèdent le même pouvoir pathogénique. La même remarque s'applique à la lèpre, l'érysipèle, la peste des porcs, etc. De sorte qu'on peut considérer la relation intime des microbes avec la virulence comme bien établie.

Mais il nous reste encore à nous demander si l'organisme constitue le virus lui même ou s'il élabore seulement le virus qui serait une sorte de ferment, enfin si le virus étant le produit de l'organisme on peut l'obtenir isolé de celui-ci.

Examinons d'abord la proposition que le virus est un produit de l'organisme, une sorte de ferment non organisé mais non l'organisme lui-même, bien que ce dernier soit essentiel à sa production.

Inoculant quelques bacillus anthracis dans le tissu sous-cutané d'un animal convenable, d'un cochon d'Inde par exemple, nous remarquons après douze ou vingt-quatre heures les premiers symptômes de la maladie consistant en un gonflement local et en un élèvement général de la température du corps. En même temps l'on trouve des bacilles dans l'enflure locale, mais seulement en petit nombre. Dans le sang, les bacilles sont très rares, si rares même qu'il est difficile d'en rencontrer un dans une quantité de sang appréciable. Les bacilles ne peuvent donc pas avoir produit à ce moment les symptômes par leur *nombre* seul. Immédiatement, parfois quelques heures avant la mort, nous trouvons le plus souvent le sang rempli de bacilles. Mais ce fait ne se produit pas toujours. J'ai vu un nombre considérable de cas de morts par l'anthrax chez les souris, les cochons d'Inde, les lapins et les moutons, mort qui survenait de quarante-huit à soixante heures après l'inoculation, dans lesquels le nombre des bacilles du sang et des tissus était fort restreint. Ils étaient bien présents, mais on en trouvait un ou deux çà et là. Dans un chapitre précédent j'ai démontré la fausseté de l'opinion émise par Archangelski que l'on trouve les bacilles, sous forme de spores, quelques heures avant la mort.

Dans les cas où les bacilles sont rares même au moment de la mort, et immédiatement après, cette rareté n'est pas due à ce fait que les bacilles ont déjà dégénéré, puisque d'aucune façon on ne trouve dans ces cas-là de bacilles en voie de dégénérescence. Il demeure donc certain que la mort ne survient pas alors à cause de la présence du grand nombre des bacilles. C'est-à-dire que ce n'est ni parce qu'ils prennent aux globules sanguins l'oxygène nécessaire à leur multiplication (Bollinger) en produisant la mort par asphyxie ni par leur effet mécanique en obstruant les capillaires des organes vitaux. Cette dernière théorie a été basée par quelques observateurs sur ce fait que, dans beaucoup de cas, les capillaires sont remplis de bacilles et que parfois dans de vastes régions du poumon, du rein et de la rate, les capillaires sont presqu'obstrués par les bacilles. Nous devons dire que bien qu'en général immédiatement avant la mort il se rencontre toutes les conditions voulues pour permettre aux bacilles de se multiplier aisément et de produire une abondante génération, ceci n'est point nécessairement uni à la cause de la maladie, c'est une conséquence de l'agonie de l'animal, mais la cause immédiate de la mort est l'altération chimique produite par les bacilles dans le sang et dans les tissus. Pour produire cet effet il n'est pas nécessaire d'avoir plus d'une certaine quantité de bacilles. Aussitôt que ce chiffre est atteint la mort survient.

L'on peut dire la même chose de tous les autres microbes pathogènes. Ainsi, par exemple, dans le cas de bacilles de la tuberculose, après l'introduction de ceux-ci dans le tissu sous-cutané d'un cochon d'Inde, la multiplication s'effectue et lorsque les bacilles ont atteint un certain nombre, les ganglions lymphatiques se gonflent, s'enflamment et se caséifient. Mais ce fait n'a pas de relation avec le nombre de bacilles, car dans quelques cas l'examen microscopique n'en décèle qu'un très petit nombre aggloméré çà et là à de grands intervalles. On observe la même chose dans les dépôts tuberculeux des organes internes. Dans certains d'entre eux, les bacilles sont très rares, tandis que dans d'autres ni plus ni moins avancés, ils sont nombreux. Là aussi nous pouvons dire qu'aussitôt qu'une certaine quantité, fort minime peut-être, de bacilles est apparue, l'effet chimique produit est suffisant pour provoquer une certaine modification pathogénique. Dans la morve, les nodules de la peau et du poumon révèlent quelquefois la présence de très petits nombres de bacilles, même après un examen microscopique approfondi et avec l'aide de méthodes éprouvées. Dans le typhus charbonneux ou peste du porc, les poumons qui sont parfois considérablement affectés ne présentent souvent que très peu d'organismes pathogènes. Il résulte donc que la condition pathologique provoquée par les organismes n'est pas due à l'action directe de leur nombre. Celui-ci n'est qu'une conséquence indirecte ; l'action est produite par des altérations chimiques définies dans le sang ou dans les tissus.

Deux théories peuvent être considérées comme possibles. (*a*) Il se peut que ces effets chimiques soient produits par la présence et le développement des organismes aussi réellement que dans la fermentation alcoolique du sucre, l'alcool qui en résulte est dû à la présence du saccharomyces. L'alcool est seulement un produit de l'organisme ; celui-ci en se multipliant s'assimile quelques molécules de carbone et d'hydrogène qu'il extrait du sucre et il résulte de cette absorption que le sucre se transforme en alcool mais il n'y a pas là. à vrai dire, une sécrétion de l'organisme, un ferment spécial. (*b*) Il se peut néanmoins aussi que l'organisme élabore un ferment spécial qui, après avoir atteint une certaine proportion produise des modifications pathogéniques particulières.

Il résulte de ces considérations que le virus ne peut être considéré comme indépendant de l'organisme ; nous ne pouvons prétendre que les deux peuvent être isolés l'un de l'autre car, ainsi que nous l'avons bien démontré maintenant, la présomption la plus juste et la seule confirmée par l'observation est que, grâce à la multiplication des organismes, il se produit certaines modifications chimiques dans le sang et dans les tissus ou qu'il naît un ferment spécial qui produit les lésions anatomiques caractéristiques de la maladie.

CHAPITRE XX

Vaccination et Immunité.

Nous avons essayé de démontrer dans le chapitre précédent que grâce à la présence, dans le sang normal et dans les tissus d'un animal vivant, de certaines substances chimiques différentes selon les espèces d'animaux et contraires aux organismes pathogènes spécifiques ceux-ci, introduits dans les tissus d'une espèce donnée, ne pouvaient se développer et que l'animal ne pouvait pour cette raison contracter la maladie correspondante. Maintenant comment expliquer ce fait que l'homme ou l'animal après avoir contracté une maladie infectieuse devient par cela même dans certains cas réfractaire à une seconde attaque de la maladie? La théorie la plus ancienne et peut-être la plus en vogue pour expliquer cette immunité, est celle qui prétend que pendant la première maladie, les organismes en se développant dans le corps, consument ou servent à diminuer et à détruire un composé chimique nécessaire à leur existence. Aussitôt que cette substance a été absorbée ou détruite, les organismes ne peuvent plus se multiplier et la maladie disparaît. De plus, grâce à l'absence ultérieure de ce composé chimique une nouvelle infection par le même organisme n'est plus possible; l'individu est protégé. Cette théorie ramène donc la question à la relation du saccharomyces avec la fermentation alcoolique. Aussi longtemps qu'une solution contient du sucre, les saccharomyces peuvent se multiplier, mais dès que tout le sucre a disparu, c'est-à-dire qu'il s'est transformé en alcool et en acide carbonique, la fermentation s'arrête. Le milieu, en ce qui concerne les saccharomyces, étant désormais épuisé. Une nouvelle quantité de saccharomyces introduite dans la solution ne peut s'y multiplier. Cette théorie pour expliquer l'immunité est généralement appelée *Théorie de l'épuisement*.

En l'analysant soigneusement l'on verra qu'elle ne peut expliquer tous les faits qui se présentent. Comme nous l'avons mentionné plus haut, un bœuf inoculé avec le sang d'un cochon d'Inde mort du charbon, contracte la maladie qui, bien que n'étant pas toujours fatale, est néanmoins parfois très grave. L'animal recouvre la santé et est maintenant, pour un temps du moins, protégé contre une seconde attaque. Mais rien ne prouve que si l'on faisait une infusion des tissus de cet animal, le baccillus anthracis qu'on y sèmerait ne s'y développerait pas en abondance puisqu'il croit dans presque toutes les matières qui contiennent une trace de matière protéique. De même, quand on fait une infusion des tissus d'un cochon d'Inde, de la souris ou du lapin morts du charbon et qu'on s'en sert comme de milieu nutritif pour cultiver le bacillus anthracis, celui-ci s'y développe admirablement. J'ai observé le même fait en ce qui concerne la peste du porc. Il n'y a donc pas de raison pour prétendre qu'après une invasion de la maladie, le sang et les tissus deviennent un terrain défavorable à une seconde invasion du même organisme et que ce fait est dû à l'épuisement de quelque composé chimique nécessaire.

Il existe encore une autre théorie habituellement

appelée *Théorie de l'Antidote* (Klebs). D'après celle-ci, les organismes en se développant et se multipliant dans le corps pendant la première attaque, produisent directement ou indirectement une substance qui agit comme une sorte de poison contre une seconde invasion du même organisme. J'incline à penser que cette théorie est en harmonie avec les faits. Nous ne connaissons aucune observation qui puisse en diminuer la possibilité et l'exactitude. Je dirais même que de toutes nos connaissances de la vie des micro-organismes, il résulte que les différentes espèces se rattachent à différentes sortes de réactions chimiques et que nous trouvons comme résultat de leur activité la production de divers composés chimiques.

Les diverses fermentations qui se rattachent à différentes espèces de champignons viennent à l'appui de cette manière de voir. D'après cette théorie nous pouvons bien comprendre comment, exactement comme dans le cas d'un animal, d'un porc, réfractaire au charbon, le pouvoir de résistance étant dû à la présence dans le sang et dans les tissus d'une substance chimique particulière et contraire au développement du bacillus anthracis, de même que dans le cas d'un mouton ou d'un bœuf vaccinés par le charbon, il se trouve maintenant dans le sang et dans les tissus un composé chimique par lequel ces animaux acquièrent l'immunité contre une seconde attaque de charbon.

Que cette substance chimique ait été élaborée directement par les bacilles, qu'elle soit le résultat d'un processus chimique produit par eux dans le corps pendant la première maladie, peu importe. L'on doit se borner à reconnaître que le sang et les tissus de l'animal vivant contiennent cette substance chimique.

Quelques observateurs (Grawitz, etc.), ne se contentent point de cette théorie, ils prétendent que par suite de la première attaque, les cellules des tissus modifient leur constitution de façon à pouvoir résister à l'invasion d'une nouvelle génération du même organisme. Il n'existe absolument rien que je sache en faveur de cette théorie. L'on ne peut se figurer que les cellules du tissu connectif, du sang et des autres organes après une attaque de scarlatine acquièrent de nouvelles fonctions ou un nouveau pouvoir, comme par exemple un pouvoir oxydant plus grand ou tout autre semblable. Les cellules du tissu connectif, les globules sanguins, les cellules du foie et les autres tissus possèdent, autant que je sache, précisément les mêmes caractères et les mêmes fonctions après une attaque de fièvre scarlatine qu'avant cette attaque.

En résumé il semble que nous pouvons considérer comme probable, que, grâce à la présence dans le sang normal et dans les tissus d'un animal vivant, d'une substance chimique contraire au développement d'un microbe particulier, cet animal est réfractaire à la maladie qui correspond au développement et à la multiplication de microbe. Ensuite que dans les maladies infectieuses dans lesquelles une attaque confère l'immunité contre une même attaque de même espèce, la première produit dans le sang et dans les tissus une substance chimique qui s'oppose à l'invasion du même organisme. L'animal devient alors réfractaire à une nouvelle attaque, il est *vacciné*. Ce fait ne se présente pas dans toutes les maladies infectieuses car, ainsi qu'on le sait, dans un grand nombre de cas une première attaque ne protège pas contre une seconde, elle peut aussi protéger seulement pour un temps limité et fort variable selon les individus. Tout ceci s'explique par notre théorie aussi bien que par les autres; quand une attaque ne protège pas, la substance chimique protectrice n'a pas été formée; dans les maladies où, au contraire, une première attaque protège pour quelque temps seulement la substance nécessaire à la protection n'a subsisté qu'un certain temps.

CHAPITRE XXI

Antiseptiques.

Nous avons déjà dit en plusieurs occasions que
certaines substances ou certaines conditions pouvaient
exercer une influence destructive sur la vie et le développement des microbes. Parmi ces conditions nous
pouvons citer : la présence de certaines substances
dans le terrain nutritif, la température et quelques
produits chimiques tels que ceux qui appartiennent aux
séries aromatiques, le phénol, l'indol, le skatol, etc. La
présence de certaines substances dans le milieu nutritif
est, comme nous l'avons vu, une condition essentielle
parmi toutes les autres pour le développement et la
multiplication des micro-organismes. Ainsi les organismes pathogènes ne peuvent se développer dans un
milieu acide, ils ne peuvent vivre non plus si les matières
protéiques et certains sels organiques leur font défaut.
D'un autre côté les organismes septiques et zymogènes
ou au moins certains d'entre eux peuvent se développer
aisément dans les milieux acides; tel est le bacillus
subtilis qui vit dans l'infusion acide de viande, le
micrococcus *ureæ* qui se développe dans l'acide urique.
De plus certains organismes pathogènes, à quelques
exceptions près ne peuvent se développer, s'ils ne sont
soumis à un certain degré de chaleur. Ils croissent le
mieux au degré de chaleur du sang tandis que les orga-

nismes septiques et la plupart des zymogènes se
développent bien à la température ordinaire bien que
naturellement leur accroissement soit plus rapide à des
températures plus élevées comme 30°-38° C. Au dessus
de 50 ou de 60 C., la chaleur arrête le développement et
tue même la plupart des organismes excepté les spores
de bacilles qui, comme on l'a vu plus haut, survivent
même à une exposition de quelques minutes à la
température de l'eau bouillante. La présence de l'acide
phénique, du phenol, du thymol, de l'acide salicylique,
du perchlorure de mercure, etc., empêche même à l'état
de dilution le développement des microbes.

Dans toute recherche concernant l'influence d'une
substance ou d'une condition quelconque de milieu sur
les micro-organismes, il faut bien se pénétrer de cette
idée que l'influence de certaines conditions sur les
micro-organismes peut être double : 1° la condition
peut être défavorable au développement de l'organisme
en question; 2° elle peut être fatale à sa vie et à son
existence. La seconde condition entraine *a fortiori* la
première mais la proposition ne peut être renversée. Si
l'on néglige de distinguer entre ces deux propositions
il nait une grande confusion. On entend dire constamment que telle condition ou telle substance est
antiseptique parce que cette substance est contraire au
développement des microbes ou encore que cette substance est un *germicide* parce qu'elle tue les organismes.
Mais lorsqu'on analyse les observations faites pour
établir la propriété d'une substance particulière, on
reconnait que la substance en question n'a, en réalité,
qu'un pouvoir nuisible au developpement des micro-
organismes.

Lorsqu'on séme un microbe quelconque dans un
milieu nutritif auquel on a ajouté une certaine subs-

tance, l'acide phénique à 1 p. 0/0 par exemple, et qu'on expose ce milieu aux conditions de température, d'humidité, favorables au développement des organismes et qu'on voit qu'après un certain laps de temps le développement est retardé ou entièrement empêché, on conclut que la substance est un antiseptique. Rien n'est plus trompeur que ce mode de raisonnement. Beaucoup de microbes peuvent être soumis à l'action d'une solution d'acide phénique à 1 p. 0,0 pendant des heures sans en être le moins du monde affectés et quand on les transporte ensuite dans un milieu nutritif convenable, ils s'y développent à merveille. De même lorsqu'on place des spores de bacillus anthracis dans un milieu protéique contenant du bichlorure de mercure à 1 p. 300,000, l'on reconnaît que ces spores ne peuvent germer (Koch). Mais si l'on en tirait la conclusion que le bichlorure à 1 p. 300,000 est un *germicide*, je ne l'admettrais pas du tout car même à 1 p. 0/0, il n'est pas plus germicide que le vinaigre. Si l'on met, en effet, des spores de bacillus anthracis dans un milieu protéique auquel on a ajouté un peu de vinaigre ou tout autre acide, de façon à lui donner une réaction acide, l'on verra que ces spores ne germent pas.

Pour pouvoir dire qu'une substance est antiseptique dans le strict sens du mot, il est nécessaire de placer les organismes dans cette substance pendant un temps déterminé, de les en retirer ensuite et de les mettre dans un milieu nutritif convenable. S'ils refusent alors de se développer, l'on peut conclure avec raison que son action a porté atteinte ou a été fatale à la vie des micro - organismes.

Lorsqu'il s'agit d'organismes pathogènes, une substance pour être proclamée germicide doit présenter la propriété que, lorsqu'un organisme est soumis à son action et introduit ensuite dans un milieu nutritif, il refuse de se développer. L'on doit démontrer aussi, qu'introduit dans un animal sujet à la maladie, cet organisme est incapable de produire la maladie qu'il aurait dû produire s'il n'avait été soumis à l'action du réactif.

J'ai fait un grand nombre d'observations sur l'influence des antiseptiques sur les microbes tant septiques que pathogènes et j'ai trouvé que beaucoup d'assertions faites jusqu'ici sur ce sujet et contrôlées d'après la méthode ci-dessus étaient absolument fausses et erronées.

Diverses espèces de micrococcus septiques, le bactérium termo, le bacillus subtilis, divers microbes pathogènes comme le bacillus anthracis, le bacille de la peste du porc, refusent absolument de se développer dans des milieux auxquels on a ajouté de l'acide phényle-propionique ou phényle-acétique dans une proportion aussi minime que 1 p. 1,600. Mais si les mêmes organismes sont soumis à l'action de ces substances en solutions beaucoup plus concentrées 1 p. 800, 1 p. 400 ou même 1 p. 200, et transportés ensuite dans un milieu nutitif approprié, on reconnaît qu'il ont parfaitement conservé leur vitalité et qu'ils se multiplient comme s'ils n'avaient subi aucune influence délétère. J'ai soumis les spores du bacillus anthracis à l'influence des mêmes acides dans la proportion de 1 p. 200 pendant quarante-huit heures et davantage, je les ai ensuite inoculés à des cochons d'Inde et j'ai reconnu que les animaux mouraient du charbon bien caractérisé exactement de de la même manière que s'ils avaient été inoculés avec des spores fraiches de bac llus anthracis.

Koch a publié un grand nombre d'observations [1] sys-

1. Mittheil. aus. d. k. Gesundheistamte, Berlin, 1881.

tématiques et fort importantes faites dans le but d'é-
prouver sur les spores du bacillus anthracis l'influence
d'un grand nombre d'antiseptiques, thymol, arséniate
de potasse, térébenthine, essence de girofle, iode, acide
chlorhydrique, permanganate de potasse, eucalyptol,
camphre, quinine, acide salycilique, acide ben-
zoïque, etc. Il a reconnu que parmi tous ces réactifs
le perchlorure de mercure était le plus puissant puisque
même en solution à 1 p. 600,000 il pouvait empêcher le
développement des spores et même l'arrêter en solution
à 1 p. 300,000.

Considérer d'après ces observations toutes ces substances comme des antiseptiques pour les spores de
bacillus anthracis ne serait pas plus justifiable que de
reconnaître au vinaigre la même propriété. Le perchlorure de mercure en solution à 1 p. 300,000 n'est pas
plus capable d'interrompre la vie et les fonctions des
spores du bacillus anthracis que l'eau ou une solution
salée. L'on peut en effet conserver les spores dans cette
dernière solution pendant quelque temps que ce soit
et lorsqu'on les place dans un milieu nutritif ou qu'on
les inocule à des rongeurs elles produisent à coup
sûr un anthrax mortel. Avec le D' Blyth, médecin
militaire du district de Marylebone à Londres, j'ai
essayé sur des spores de bacillus anthracis l'action
d'un grand nombre de substances employées ordinairement comme antiseptiques, le liquide de Calvert, le
térébène pur, le phénol à 10 p. 0/0, le perchlorure de
mercure à 1 p. 0/0. Je soumettais ces spores en quantités relativement considérables à l'action de ces réactifs en les y mêlant intimement. Je laissais l'action se
produire pendant vingt-quatre heures et je me servais
ensuite du mélange pour inoculer des cochons d'Inde.
Les animaux mouraient en présentant les symp-

tômes de l'anthrax et leur sang fourmillait de bacilles.

Ces substances ne sont donc pas des antiseptiques et sont encore moins germicides pour les spores des bacilles anthracis que ne l'est l'eau elle-même.

Dans toutes ces recherches et particulièrement dans celles qui portent sur des micro-organismes doués de sporulation, l'influence des substances ne doit pas être simp'ement éprouvée sur les organismes mais aussi sur leurs spores. Car dans le cas du bacillus anthracis par exemple, les bacilles pris dans le sang d'un animal mort du charbon, périssent en dix minutes sous l'action d'une solution d'acide phenyle-propionique à 1 p. 400 ou même à 1 p. 800 tandis que les spores du même bacille provenant de cultures artificielles résistent parfaitement à cet acide pendant quelque temps et à quelque degré de concentration que ce soit.

Il n'entre point dans mon cadre de passer ici en revue tout ce qui a été fait dans cette branche de recherches intéressantes et importantes par suite de leur côté immédiatement pratique. Le progrès fait jusqu'ici sur ce sujet est déjà considérable, mais je crains bien qu'il ne soit moins utile qu'il n'en a l'air. Dans la plupart de ces recherches en effet, le point le plus important dans la pensée de l'auteur était de déterminer si un antiseptique donné, mélangé à un milieu nutritif dans une proportion donnée, avait ou n'avait pas le pouvoir d'empêcher le développement des micro organismes. Ce point présente je n'en doute pas un certain et peut-être même un grand intérêt; mais rechercher si une substance est antiseptique dans la véritable acception du mot, c'est-à-dire, si lorsqu'on soumet à son action des micro-organismes dans une solution en proportion définie et pendant un laps de temps défini, ils ne peuvent plus se développer ou se multiplier; rechercher encore

si la substance est ou n'est pas germicide, c'est-à-dire
si elle peut annihiler entièrement la vie des organismes, ce sont là des questions qui demandent une
attention spéciale et qui ouvrent une riche et importante voie de recherches. Autant que j'ai pu en juger
on lui a jusqu'ici accordé assez rarement l'attention
qu'elle méritait.

APPENDICE AU CHAPITRE XI

Une méthode fort utile pour isoler les espèces diverses d'un mélange de bactéries, est celle qu'emploient beaucoup maintenant Koch et son école. Liquéfiez à une douce chaleur un mélange stérile de gélatine (gélatine et peptone, ou gélatine, peptone et bouillon) contenu dans un tube à essai stérilisé et bouché; ensemencez ensuite ce mélange avec la plus petite trace possible de la culture de bactéries soit avec une pipette capillaire, soit avec un fil de platine; agitez de façon à distribuer uniformément les bactéries dans la masse. Versez ensuite ce mélange liquide de gélatine en couches minces sur des plaques de verre stérilisées ou sur des verres de montre plats et mettez le tout dans une chambre close (une cloche de verre à bords rodés et enduits d'un corps gras sur une plaque de verre, par exemple) et maintenue humide par du papier filtre mouillé. Laissez se solidifier la gélatine à la température ordinaire ou à l'étuve à 20°. Après quelques jours on remarque un grand nombre de points isolés, provenant chacun de la multiplication d'une bactérie. Certains de ces points ne contiennent qu'une espèce et l'on peut en obtenir aisément des cultures pures dans des tubes à essai.

Par cette méthode, Koch a réussi à isoler le bacille-virgule du mucus de l'intestin des cholériques en en mélangeant une petite quantité avec de la gélatine liquéfiée.

Voici une autre méthode d'isolement analogue à celle que nous avons décrite plus haut. Un mélange de gélatine stérile liquéfié ou d'agar-agar est versé en couches minces sur des lames de verre et placé dans une chambre humide. Quand le mélange a fait prise, on trace des lignes sur sa surface avec un tube capillaire ou un fil de platine trempé dans le liquide qui contient les bactéries.

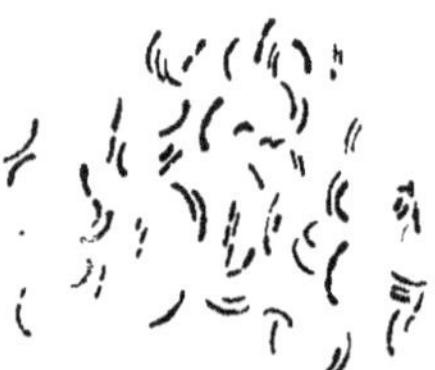

Fig. A. Préparation des flocons muqueux du liquide de l'iléum d'un sujet mort du choléra. Grossissement : 700 environ. L'on voit de nombreux bacilles virgule de différentes tailles parmi des bacilles droits.

Le bacille-virgule de Koch est un bâtonnet courbé d'une épaisseur à peu près uniforme, parfois légèrement aigu à ses deux extrémités; sa longueur est environ la moitié de celle du bacille de la tuberculose et son épaisseur est à peu près la même. Le bacille-virgule varie cependant dans des limites considérables, quant à sa courbure et quant à sa longueur. Quelques-uns sont à peine courbés tandis que d'autres sont presque semi-circulaires, les uns sont deux ou trois fois plus longs que les autres. Ils sont mobiles et se divisent transversalement. Dans le mélange neutre d'agar-agar placé à la température ordinaire l'on peut observer la division longitudinale. Après la division ils peuvent rester unis bout à bout formant ainsi un organisme en forme d'S. Mais parfois et spécialement dans les cultures artificielles dans du bouillon ils restent unis même après des divisions réitérées, et forment ainsi un organisme ondulé ou en spirale. Le type est pourtant représenté par un bâtonnet simple courbé. Il n'est donc pas correct de les appeler bacilles-virgule ou spirilles puis-

Fig. B. Culture artificielle du bacille-virgule cholérique dans la gélatine peptone. Quelques bacilles affectent la forme de bacteries courbes, d'autres sont réunis deux à deux en prenant ainsi la forme d'S. Quelques-uns forment des chaines de plusieurs individus placés bout à bout.

Fig. C. Culture artificielle du bacille-virgule cholérique dans l'agar-agar, peptone à la température ordinaire et après quelques semaines. Les bacilles-virgule se transforment par formation de vacuoles en organismes plan-convexes puis bi-convexes et enfin circulaires. Ceux-ci donnent par division deux bacilles semi-circulaires.

qu'en réalité ils correspondent à la forme généralement considérée comme vibrion.

Les bacilles-virgule se rencontrent au milieu d'amas d'autres bacteries septiques et en nombre très variable dans les évacuations cholériques. Ils sont tantôt rares, tantôt nombreux; dans les flocons muqueux extraits de l'intérieur de la partie la plus basse de l'ileum dans les cas foudroyants de choléra et peu après la mort, ils sont en petit nombre. Ils sont très rares ou tout à fait absents à la partie superieure de l'ileum et dans le jejunum. Plus l'examen est retardé, dans une cer-

taine limite naturellement, et plus on trouve abondamment les bacilles-virgule dans les flocons muqueux,
mais non à l'exclusion des autres bacteries. On ne les
trouve généralement pas dans la muqueuse dont l'épi-
thelium superficiel est soulevé, mais non détaché. On
ne trouve aucune espèce d'organismes dans le tissu

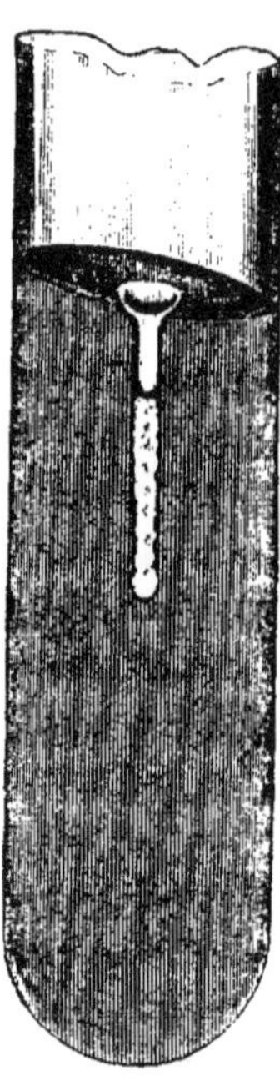

Fig. D. Portion d'un tube à essai contenant de la gélatine peptone.
On y voit une culture pure de bacille-virgule cholérique. L'ouverture en entonnoir du canal dans lequel s'effectue le développement du bacille, contient une longue buile d'air.

de l'intestin, dans le sang et dans les autres tissus.
Les bactéries de la putréfaction qui comprennent entre
elles des bacilles-virgule peuvent après la mort se
développer dans les lacunes et les espaces des parois

intestinales. Elles proviennent dans ce cas du contenu de l'intestin.

Les flocons muqueux du petit intestin recueillis dans un cas foudroyant de choléra, immédiatement après la mort, contiennent de plus des cellules épithéliales disquamées, de nombreux corpuscules lymphatiques, les uns normaux, les autres gonflés et décomposés. Tous ces corps se décomposent peu après la mort. Ces corpuscules de la lymphe ou corpuscules muqueux con-

Fig. E et F. Culture pure de bacille-virgule cholérique dans la gélatine mélangée de peptone et de bouillon. Les deux tubes ont été ensemencés en même temps avec les mêmes bacilles et placés dans les mêmes conditions. Dans les deux, la surface de développement est marquée par une dépression. Au fond de la cavité est un précipité blanchâtre de bacilles-virgule agglomérés. Le reste du canal est rempli par de la gélatine liquéfiée, presque limpide.

tiennent en nombre variable dans leur protoplasma de petits bacilles droits beaucoup plus petits de la moitié ou d'un quart à peu près que les bacilles-virgule et plus ou moins pointus aux extrémités. Ces petits bacilles droits ne sont pas mobiles, ils ne sont jamais libres dans les flocons muqueux et lorsqu'ils se développent dans les cultures artificielles, ils forment des spores. Ni les bacilles-virgule ni ces petits bacilles droits ne présentent dans leur mode de développement dans les cultures artificielles aux divers milieux d'autres particularités que les autres espèces de bacilles. L'on

Fig. 6. Culture pure de bacille-virgule cholérique dans la gélatine mélangée de peptone et de bouillon. L'ensemencement a été fait non dans un canal comme précédemment, mais sur la surface. Il existe aussi une dépression de la culture dans laquelle la gélatine s'est liquéfiée et au fond de laquelle se voit un précipité blanchâtre.

peut voir sur les gravures ci-jointes le mode spécial de développement des bacilles-virgule sur les cultures de gélatine.

Les bacilles-virgule et les petits bacilles droits se développent aisément dans les milieux alcalins et neutres et bien qu'ils ne se développent que difficilement ou pas du tout dans les milieux acides ils y gardent leur vitalité. On ne peut les considérer ni l'un ni l'autre comme se rattachant à l'étiologie du choléra.

Le résultat des expériences pratiquées par Nicat et Rietsch, par Koch et par d'autres observateurs, c'est-à-dire les quelques cas de mort qui sont survenus chez les animaux après introduction dans leur intestin grêle de mucus cholérique ou de cultures de bacilles-virgule, ne sont pas dus au choléra mais probablement plutôt à l'opération ou à un virus septicémique. Les rongeurs, les carnassiers et les singes sont absolument

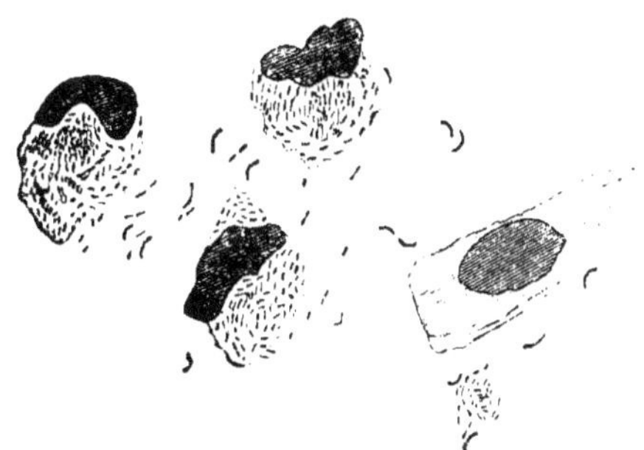

Fig. H. Préparation des flocons muqueux de l'iléum dans un cas de choléra. Bacilles-virgule et petits bacilles droits isolés et en amas. Trois corpuscules lymphatiques contenant dans leur intérieur de nombreux petits bacilles droits.

réfractaires au choléra. Il est d'évidence directe que l'eau contaminée par les évacuations cholériques seulement et bue par un grand nombre de personnes ne produit pas le choléra. Mais il n'existe pas de preuve certaine qu'un homme atteint du choléra n'élabore le virus cholérique et ne le transmette avec ses évacuations.

On a découvert dans d'autres maladies du canal alimentaire des bacilles-virgule de différentes sortes. Dans le liquide de la bouche de personnes en bonne santé (Lewis); dans le vieux fromage (Desicke). Les bacilles-virgule trouvés par Finkler et Prior dans le

choléra-nostras diffèrent par leur mode de développement de bacilles-virgule cholériques de Koch. On en
trouve aussi dans des diarrhées dues à d'autres causes.
Mais ceux du liquide de la bouche et ceux du vieux
fromage sont identiques par leur mode de développe-
pement au bacille-virgule de Koch.

FIN

INDEX

TABLE DES MATIÈRES

IMPRIMERIE BURDIN ET Cie, RUE GARNIER, 4.